Rotes Heft/Ausbildung kompakt 201

Taktik im Hubrettungseinsatz

von
Jörg Kurtz
Brandamtmann
Feuerwehr Hamburg

5., aktualisierte Auflage

Verlag W. Kohlhammer

5. Auflage 2023

Alle Rechte vorbehalten
© W. Kohlhammer GmbH, Stuttgart
Gesamtherstellung: W. Kohlhammer GmbH, Stuttgart

Print:
ISBN 978-3-17-042700-6

E-Book-Formate:
pdf: ISBN 978-3-17-042702-0
epub: ISBN 978-3-17-042703-7

Inhaltsverzeichnis

Inhaltsverzeichnis

Inhaltsverzeichnis

Inhaltsverzeichnis

Vorwort

Das vorliegende Rote Heft beschreibt die Einsatztaktik und die Grundsätze des Hubrettungseinsatzes. Die Bedienung und die Funktion von Hubrettungsfahrzeugen soll nicht Gegenstand der Betrachtung sein, sofern diese nicht die Einsatztaktik im Hubrettungseinsatz berühren. Auch auf die Anforderungen an Drehleitern nach der alten DIN 14701 »Hubrettungsfahrzeuge« (Teile 1 bis 3) sowie auf die seit 2006 gültigen neuen Normen DIN EN 14043 und DIN EN 14044 »Hubrettungsfahrzeuge für die Feuerwehr« soll nicht mehr als nötig eingegangen werden. Vielmehr soll ausführlich auf die Standortbestimmung, die Beurteilung von Standflächen, Einweisestrategien, die möglichen Anleiterformen, die Anleitertaktik sowie die Durchführung einer Menschenrettung eingegangen werden. Denn dieses gilt für alle Hubrettungsfahrzeuge beinahe gleichermaßen.

Die vorhandene Typenvielfalt der in Deutschland verwendeten Hubrettungsfahrzeuge schließt die Erstellung eines erschöpfenden Werkes über die Bedienung von Hubrettungsfahrzeugen nahezu aus. Hierfür sind die Herstellereinweisungen und die Bedienungsanleitungen der tatsächlich bei den Feuerwehren vorhandenen Hubrettungsfahrzeuge maßgebend. Zum Einsatz eines Hubrettungsfahrzeuges gehört jedoch nicht nur die Bedienung des Geräts. Auch die Einsatztaktik und die Grundsätze des Hubrettungseinsatzes sind wichtige Ausbildungsinhalte, die bei den Herstellereinweisungen nicht vermittelt werden. Dies ist und kann auch nicht

Aufgabe der Hersteller sein. Eine Maschinisten-Ausbildung für Hubrettungsfahrzeuge, die sich aber nur auf die Herstellereinweisung beschränkt, wird meines Ermessens diesem wichtigen Rettungsgerät nicht gerecht.

Dieses Rote Heft richtet sich nicht nur an Maschinisten von Hubrettungsfahrzeugen, sondern auch an Führungskräfte, die ein Hubrettungsfahrzeug einsetzen. Es gilt Verständnis zu wecken für die Möglichkeiten, aber auch für die Einsatzgrenzen eines Hubrettungsfahrzeuges. Der Verfasser hatte neben seiner beruflichen Tätigkeit als Ausbildungskoordinator für Drehleiter-Maschinisten bei der Feuerwehr Hamburg auch Gelegenheit, bei Berufs-, Werk- und Freiwilligen Feuerwehren im In- und Ausland zahlreiche Fortbildungsseminare für Maschinisten von Hubrettungsfahrzeugen durchzuführen. Hierbei zeigten sich die vorhandenen Probleme, auf die in diesem Heft ausführlich eingegangen werden soll. Mehr Informationen über praxisnahe Schulungsmöglichkeiten finden Sie im Internet unter www.Drehleiterausbildung.de.

Jörg Kurtz
Soltau, im Juni 2022

1 Bezeichnungen und Begriffe

Um das vorliegende Rote Heft leicht verständlich zu gestalten, finden überwiegend Begriffe Verwendung, die in der alten Norm DIN 14701 »Hubrettungsfahrzeuge« (Teile 1 bis 3) definiert sind. Die überwiegende Zahl der sich im Einsatzdienst befindlichen Hubrettungsfahrzeuge sind noch nach dieser Norm gefertigt. Solche Fahrzeuge werden sicher noch mehr als 20 Jahre bei den deutschen Feuerwehren anzutreffen sein. Die 2006 eingeführten Normen DIN EN 14043 und DIN EN 14044 »Hubrettungsfahrzeuge für die Feuerwehr« (aktuelle Ausgabe 2014) unterscheiden grundsätzlich zwei Arten von Drehleitern: automatische und halbautomatische Drehleitern. Automatische Drehleitern werden mit DLA(utomatik) bezeichnet, halbautomatische Drehleitern mit DLS (sequenziell). Im Gegensatz zu den automatischen Drehleitern, können die halbautomatischen Drehleitern immer nur eine Leiterbewegung gleichzeitig ausführen, z. B. nur Aufrichten, nur Ausziehen oder nur das Drehen des Leitersatzes. Mit der damals neuen europäischen Norm wurde auch eine eigene Norm für Teleskopmastfahrzeuge eingeführt, die DIN EN 1777 Hubarbeitsbühnen (HAB).

Anwendungsbereich und Zweck

Hubrettungsfahrzeuge werden vorrangig zur Rettung von Menschen aus Notlagen, weiterhin auch zur Durchführung technischer Hilfeleistungen und zur Brandbekämpfung eingesetzt.

Auflagefeld

Das Auflagefeld ist der Bereich zwischen Freistands- und Benutzungsgrenze, in dem der Leitersatz nur noch mit aufgelegter Spitze oder mit aufgelegtem Rettungskorb belastet werden darf. Hubarbeitsbühnen kennen kein Auflagefeld, da die Freistandsgrenze gleichzeitig auch die Benutzungsgrenze darstellt.

Auflagegrenze

Grenze im Auflagefeld, bis zu welcher eine Bewegung innerhalb dieses Feldes zugelassen ist. (Anmerkung: Eigentlich handelt es sich hierbei um eine Benutzungsgrenze.)

Aufrichtwinkel in Grad

Der Aufrichtwinkel ist der Winkel zwischen den jeweiligen Mittelachsen des Leitersatzes/Hubrettungsauslegers und der Waagrechten.

Benutzungsgrenze

Die Benutzungsgrenze ist die jeweilige Grenze des Benutzungsfeldes.

Besondere Benutzungsgrenze

Die dem jeweiligen Benutzungsfeld entsprechende Grenze, mit oder ohne Korb, ohne Belastung.

Brückenlast in kg

Eine Brückenbelastbarkeit des Leitersatzes muss im aufgelegten Zustand der Leiterspitze oder des Rettungskorbes sichergestellt sein. Hierbei muss über den gesamten Leitersatz gleichmäßig verteilt im Freistandsfeld bis zur Freistandsgrenze eine Belastung von 8 Personen (720 kg) und im Auflagefeld bis zur Benutzungsgrenze eine Belastung von 4 Personen (360 kg) möglich sein.

Drehleiterausführungen nach DIN EN 14043 und DIN EN 14044

Man unterscheidet zwischen Drehleitern mit und ohne Rettungskorb sowie nach der Nennrettungshöhe in Verbindung mit der Nennausladung (Tabelle 1). Die Kurzbezeichnungen lauten: DL = Drehleiter, DLK = Drehleiter mit Rettungskorb.

Tabelle 1: *Genormte Drehleitern mit maschinellem Antrieb*

Kurzzeichen (alt)	Kurzzeichen (neu)	Nennrettungshöhe	Nennausladung
DL 12-9	DLS 12/9 oder DLA 12/9	12 m	9 m
DLK 12-9	DLSK 12/9 oder DLAK 12/9	12 m	9 m
DL 18-12	DLS 18/12 oder DLA 18/12	18 m	12 m
DLK 18-12	DLSK 18/12 oder DLAK 18/12	18 m	12 m
DL 23-12	DLS 23/12 oder DLA 23/12	23 m	12 m
DLK 23-12	DLSK 23/12 oder DLAK 23/12	23 m	12 m

Freistandsfeld

Das Freistandsfeld ist der Bereich innerhalb des Benutzungsfeldes, in dem der Leitersatz/Hubrettungsausleger im Freistand
mit der für dieses Feld zulässigen Nutzlast belastet und bewegt
werden darf, ohne die Standsicherheit zu gefährden.

Freistandsgrenze

Die Freistandsgrenze ist die Grenze innerhalb des Benutzungsfeldes, bis zu der der Leitersatz im Freistand mit der für dieses
Feld zulässigen Nutzlast belastet werden darf, ohne die Standsicherheit zu gefährden.

Horizontale Ausladung in m

Die horizontale Ausladung ist der Abstand (in m) von der
Fahrzeugaußenkante bis zum Lot der Außenkante des Korb-
bodens bzw. von der Fahrzeugaußenkante bis zum Lot der
obersten Sprosse.

Merke:

1. Die Messung erfolgt rechtwinklig zur Fahrzeuglängsachse auf waagerechter Standfläche ohne
   Belastung.
2. Sofern die Abstützungen außerhalb der größten
   Fahrzeugbreite liegen, wird die Ausladung von
   der Außenkante der am weitesten ausgefahre-
   nen Abstützung gemessen.

Hubarbeitsbühnen nach DIN EN 1777

Hubrettungsfahrzeuge für Feuerwehr und Rettungsdienst,
Hubarbeitsbühnen (HABn)

<table>
<tr><td rowspan="2">Tabelle 2:</td><td>Kurzzeichen (alt)</td><td>Kurzzeichen (neu)</td><td>Nenn-rettungshöhe</td><td>Nenn-ausladung</td></tr>
<tr><td>TM</td><td>HAB</td><td>keine Angaben</td><td>keine Angaben</td></tr>
</table>

Die Norm beschreibt nur die Sicherheitsanforderungen, aber keine Fahrzeugtypen, Maße, Gewichte, Nennrettungshöhen oder Nennausladungen. Wir unterscheiden aber in der Praxis zwischen Hubarbeitsbühnen mit Notabstiegsleiter und Hubarbeitsbühnen ohne Notabstiegsleiter (Bilder 1 und 2).

Bild 1:   *HAB ohne Notabstiegsleiter (Fa. Klaas)*

Bild 2: *HAB mit Notabstiegsleiter (Fa. Metz/Rosenbauer)*

Hubrettungsausleger

Der Hubrettungsausleger ist Teil des Rettungssatzes. Er besteht aus mehreren Auslegerelementen, die teleskop- oder gelenkartig miteinander verbunden sind. In diesem Roten Heft wird der Hubrettungsausleger der Einfachheit halber bei Drehleitern als Leitersatz bezeichnet.

Hubrettungsfahrzeug

Mit dem Begriff Hubrettungsfahrzeuge werden laut DIN 14701 Drehleitern, Gelenkmastbühnen, Teleskopmastbühnen und ähnliche Fahrzeuge der Feuerwehr erfasst. Sie bestehen aus Fahrgestell, Aufbau und einem maschinell angetriebenen Hubrettungssatz mit oder ohne Rettungskorb.

Hubrettungssatz

Der Hubrettungssatz ist der bewegliche Teil des Hubrettungsfahrzeuges, der oberhalb des Fahrgestellrahmens liegt.

Längsneigungswinkel in ° (Grad)

Der Längsneigungswinkel ist der Winkel in Längsrichtung des Fahrzeuges zwischen der Waagrechten und der Standfläche.

Nennausladung in m

Für die Nennausladung gilt eine bestimmte Ausladung bei Nennrettungshöhe, gemessen bei waagrechter Standfläche bis zum Boden des Rettungskorbes ohne Belastung (s. Nennrettungshöhe in m). Die Nennausladung ist somit ebenfalls eine Mindestanforderung der DIN.

Nennlast in kg

Die Nennlast ist die Last, mit der der Rettungskorb oder die Spitze eines Hubrettungssatzes im Freistandsfeld bis an die für diese Last gültige Freistandsgrenze lotrecht belastet werden darf. Abnehmbare Rettungskörbe und feste Anbauten gehören zum Gerät und sind nicht als Last innerhalb der Nennlast zu werten.

Nennreichweite

Koordinaten aus Rettungshöhe und horizontaler Ausladung.

Nennrettungshöhe in m

Die Nennrettungshöhe ist eine bestimmte Höhe bei Nenn-ausladung, die bei waagrechter Standfläche bis zum Boden des Rettungskorbes ohne Belastung gemessen wird. Ohne Rettungskorb wird die Nennrettungshöhe nach Rettungshöhe in m gemessen. Die Nennrettungshöhe ist eine Mindestanforderung der DIN.

Nutzlast in kg

Die Nutzlast ist die Last, mit der die Auslegerelemente mit oder ohne Rettungskorb belastet werden dürfen.

Querneigungswinkel in ° (Grad)

Der Querneigungswinkel ist der Winkel in Querrichtung zur Längsachse des Fahrzeugs zwischen der Waagrechten und der Standfläche.

Rettungshöhe in m

Die Rettungshöhe ist die lotrechte Höhe von der waagrechten Standfläche bis zum Boden des Rettungskorbes (ohne Korb bis zur obersten Steigsprosse). Gemessen wird ohne Belastung.

Rettungskorb

Der Rettungskorb ist der Teil des Hubrettungssatzes, in dem Personen befördert werden können.

Rüstzeit in Sekunden

Die Rüstzeit ist die Zeit, die erforderlich ist, um mit der Fahrzeugbesatzung aus der Fahrstellung die Rettungsstellung zu erreichen. Die Rüstzeit umfasst das Erreichen der Nennrettungshöhe bei Nennausladung 90° quer zur Fahrzeugstellung. Sie darf maximal 140 Sekunden betragen. Ist das Einhängen eines Rettungskorbes erforderlich, so darf die Rüstzeit nach DIN maximal 180 Sekunden dauern.

Stützbreite in m

Die Stützbreite ist der Abstand zwischen den Außenkanten zweier gegenüberliegender, abgelassener Stützen auf waagrechter Standfläche in Betriebsstellung des Fahrzeuges.

Benutzungsfeld

Das Benutzungsfeld ist der Bereich, in dem der Leitersatz/ Hubrettungsausleger bewegt werden darf, ohne die Standsicherheit zu gefährden.

1.1   Benutzungsfeld einer Drehleiter mit Rettungskorb

Aufgrund der großen Unterschiede zwischen den zwei bedeutenden deutschen Drehleiterherstellern, der Firma Magirus/ Ulm und der Firma Rosenbauer-Metz/Karlsruhe, soll an dieser Stelle auf die verschiedenen Entwicklungsstufen im Steuerungsbau von Drehleitern eingegangen werden, da diese auch heute noch bei den Feuerwehren anzutreffen sind.

1.2 Benutzungsfeld einer Drehleiter ohne Rettungskorb

Innerhalb des Freistandsfeldes (grünes Feld) darf der Leitersatz mit der zulässigen Last im Freistand belastet und bewegt werden, ohne die Standsicherheit zu gefährden. An der Freistandsgrenze schalten sich in der Regel alle Bewegungen des Leitersatzes automatisch ab. Der Leitersatz darf aber trotzdem noch mit der für die Freistandsgrenze gültigen Last belastet werden. Erst wenn die Freistandsgrenze überfahren wird, gelangt der Leitersatz in das Auflagefeld (gelbes Feld) und eine Belastung ist nur mit aufgelegter Leiter zulässig. Wird der Leitersatz innerhalb dieses Feldes im Freistand belastet, so kann die Leiter kippen. An der Benutzungsgrenze werden ebenfalls alle Bewegungen des Leitersatzes automatisch abgeschaltet. Das Erreichen der Benutzungsgrenze wird durch optische Anzeigen und durch ein akustisches Signal angezeigt. Wird der Leitersatz über die Benutzungsgrenze hinaus bewegt, was aber nur mit einem unzulässigen Eingriff in die Sicherheitseinrichtungen der Drehleiter einhergehen kann, so kann die Drehleiter allein durch ihr Eigengewicht umstürzen (Bild 3). Es sind aber auch Drehleitern anzutreffen, die das Erreichen der 3-Personen- bzw. 2-Personen-Freistandsgrenze optisch anzeigen, ohne die Leiterbewegungen abzuschalten.

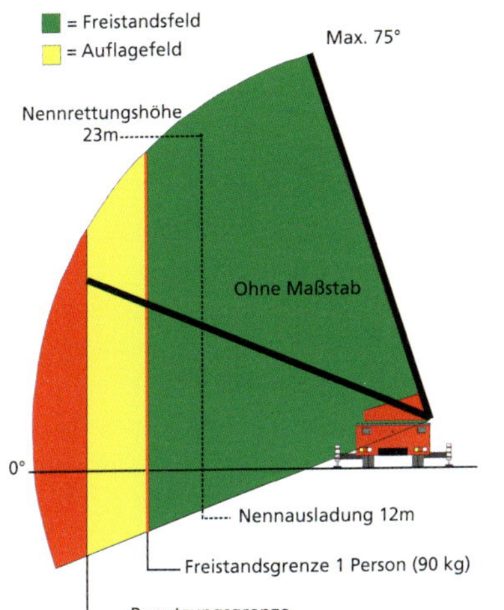

Bild 3: *Benutzungsfeld einer Drehleiter ohne Korb*

Bei fast allen Drehleiterausführungen stellt sich das Benutzungsfeld ohne Rettungskorb so wie hier beschrieben dar. Besondere Beachtung gilt aber dem Benutzungsfeld bei Korbbetrieb. Durch die verschiedenen Entwicklungsstufen und die Herstellereigenheiten kommt es hier zu großen Unterschieden, sodass der Drehleiter-Maschinist hier besonders gefordert ist und das Benutzungsfeld »seiner« Drehleiter genau kennen muss.

1.3 Benutzungsfelder: Drehleitern der Firma Magirus

Drehleitern der Baureihe CC (Computer Control) verfügen über einen Rettungskorb mit maximaler Nutzlast von 3-Mann oder 270 kg. Innerhalb des Freistandsfeldes (grünes Feld) darf der Leitersatz mit Korb und der jeweils zulässigen Last im Freistand belastet und bewegt werden, ohne die Standsicherheit zu gefährden. Es ist möglich, die Freistandsgrenzen für 3-Personen-Korbbetrieb und 2-Personen-Korbbetrieb aufzuheben, um dann in den 1-Personen-Korbbetrieb zu gelangen. Ein Aufheben der Freistandsgrenze 1-Personen-Korbbetrieb ist nicht möglich (Bild 4).

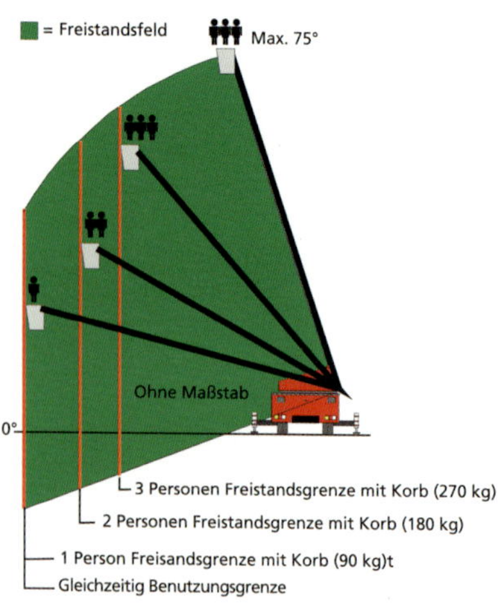

Bild 4:
Benutzungsfeld einer Drehleiter mit Korb (Magirus ab Baustufe Vario CC)

Bei Drehleitern der Firma Iveco Magirus Brandschutztechnik können ab der Baureihe CS (computer stabilized) im Unterschied zur Baureihe Vario CC alle Freistandsgrenzen aufgehoben werden, sodass der Leitersatz auch in das Auflagefeld gelangen kann. Das Hineinfahren in das Auflagefeld ist aber nur mit einem leeren Korb zulässig. Bei der Firma Iveco Magirus sind heute Rettungskörbe für bis zu 4 Personen möglich.

Merke:

Das Benutzungsfeld ist beim Leiterbetrieb ohne Rettungskorb erheblich größer, da nur so mit dem Leitersatz in das Auflagefeld gefahren werden kann.

1.4 Benutzungsfelder: Drehleitern der Firma Rosenbauer/Metz

Bei Drehleitern dieses Herstellers heißen die Abschaltgrenzen nicht Freistandsgrenzen, sondern Zuladungsgrenzen. Das heißt, es muss unterschieden werden, ob Korbbetrieb mit oder ohne eine Korbbesatzung durchgeführt wird, denn die Interpretation der Belastungsanzeige in Hinsicht auf die noch mögliche Belastung des Rettungskorbes bekommt somit eine ganz andere Bedeutung.

Bei Korbbetrieb ohne Korbbesatzung gilt das gleiche wie bei den bereits genannten Freistandsgrenzen. Befindet sich aber eine Person im Rettungskorb, so bedeutet die Abschaltung an der Zuladungsgrenze 2-Personen-Korbbetrieb, dass noch zwei Personen zusteigen dürfen, wenn dieses die maximale Korbnutzlast erlaubt. An der Zuladungsgrenze 1-Personen-Korbbetrieb darf somit noch eine Person zusteigen, wenn dieses die maximale Korbnutzlast erlaubt. Wird die Zuladungsgrenze 1-Personen-Korbbetrieb überfahren, darf zwar bis zur Benutzungsgrenze gefahren werden, das Zusteigen von Personen ist aber nicht mehr zulässig. Das Personensymbol oder bei älteren Drehleiterausführungen ein schwarzer Punkt in der Belastungsanzeige bedeutet immer: »So viele Personen dürfen zurzeit noch zusteigen«. Es bedeutet nicht: »So viele Personen dürfen sich zurzeit im Rettungskorb aufhalten«.

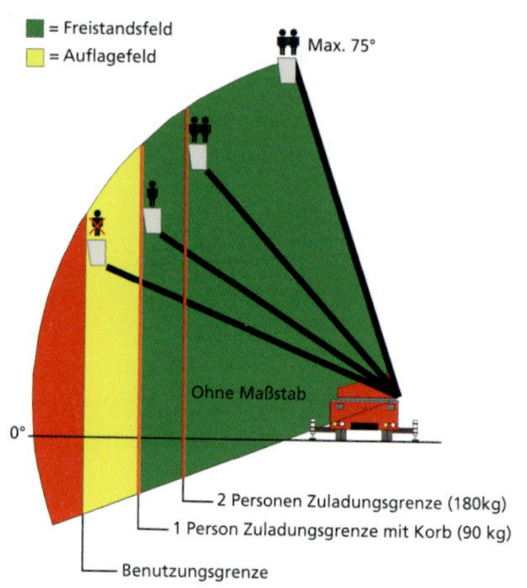

Bild 5: *Benutzungsfeld einer Drehleiter mit Korb (Metz mit 2-Personen-Rettungskorb; bis Baustufe PLC 2)*

Ohne eine Korbbesatzung ist es möglich, die Zuladungsgrenze 2-Personen-Korbbetrieb und die Zuladungsgrenze 1-Personen-Korbbetrieb aufzuheben, um dann mit dem Rettungskorb in das Auflagefeld zu gelangen (Bild 5).

Merke:

In das Auflagefeld darf nur mit einem leeren Rettungskorb gefahren werden. Es besteht ansonsten Kippgefahr!

Bei der Firma Rosenbauer/Metz sind heute Rettungskörbe für bis zu 5 Personen möglich. Die jeweiligen Zuladungsgrenzen 5-Personen-Zuladung, 4-Personen-Zuladung, 3-Personen-Zuladung, 2-Personen-Zuladung und 1-Personen-Zuladung können freigeschaltet werden, um bis in das Auflagefeld zu gelangen. Für das Auflagefeld bei Korbbetrieb gilt das gleiche wie schon beim Leiterbetrieb ohne Rettungskorb. Soll der Leitersatz belastet werden, so muss der Rettungskorb zur Auflage gebracht werden. Auch hier gilt: An der Benutzungsgrenze werden alle Bewegungen des Leitersatzes automatisch

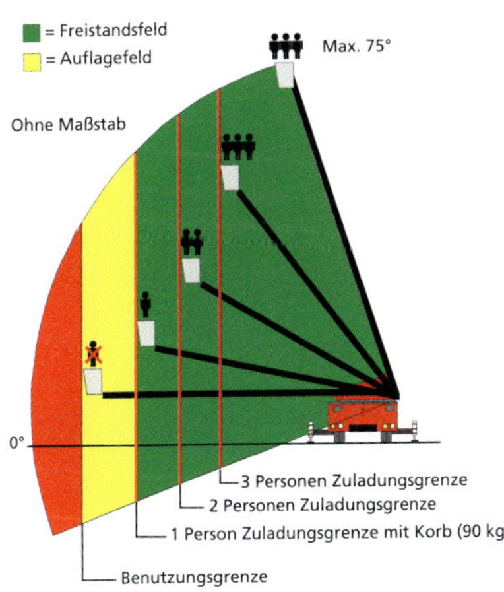

Bild 6: *Benutzungsfeld einer Drehleiter mit 3-Personen-Rettungskorb (Metz, ab Baustufe PLC 3)*

abgeschaltet. Das Erreichen der Benutzungsgrenze wird durch optische Anzeigen und durch ein akustisches Signal angezeigt. Wird der Leitersatz über die Benutzungsgrenze hinaus bewegt, was aber nur mit einem unzulässigen Eingriff in die Sicherheitseinrichtungen der Drehleiter erreicht werden kann, so kann die Drehleiter nur durch ihr Eigengewicht umstürzen (Bild 6).

1.5 Benutzungsfelder: Hubarbeitsbühnen

Benutzungsfeld einer HAB Fa. Rosenbauer/Metz

Bei Hubarbeitsbühnen kann die letzte Freistandsgrenze nicht überfahren werden, sodass Hubarbeitsbühnen grundsätzlich

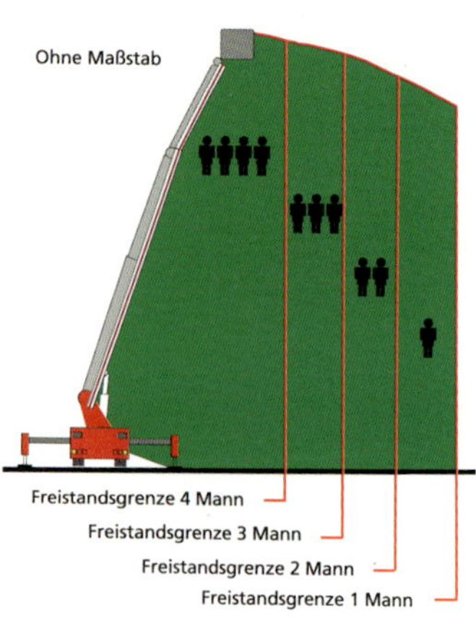

Bild 7: *Benutzungsfeld einer HAB aus dem Hause Rosenbauer/Metz*

über kein Auflagefeld (Bild 7) verfügen. Die 1-Mann-Grenze ist auch gleichzeitig die Benutzungsgrenze. Bei Hubarbeitsbühnen der Fa. Rosenbauer/Metz ist es möglich jede einzelne Freistandgrenze bis zur 1-Mann-Freistandsrenze freizuschalten. Bei einem 5-Mann-Korb sind es 4 Grenzen, bei einem 4-Mann-Korb 3 Grenzen.

Benutzungsfeld einer HAB Fa. Bronto Skylift

Bei Hubarbeitsbühnen der Fa. Bronto Skylift unterteilt sich das Benutzungsfeld in der Regel immer nur in 3 Freistandsgrenzen. Bei diesem Beispiel verfügt die HAB über eine 5-Mann-Grenze, eine 3-Mann-Grenze und eine 1-Mann-Grenze. Die 1-Mann-Grenze ist auch gleichzeitig die Benutzungsgrenze.

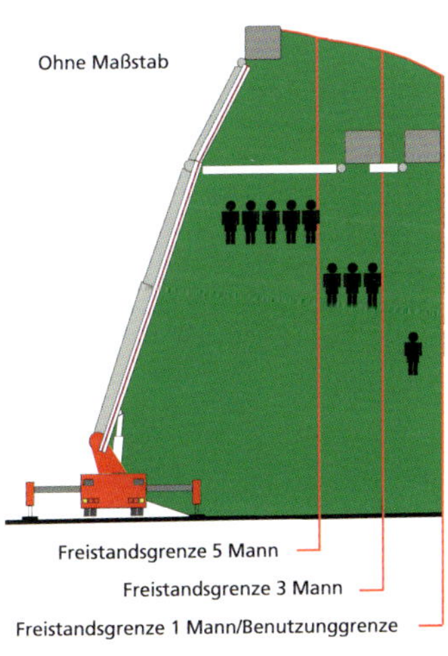

Bild 8: *Benutzungsfeld einer HAB aus dem Hause Bronto Skylift (Bronto Skylift)*

Für alle Hubrettungsfahrzeuge gilt:

Die Ausladungsunterschiede zwischen den einzelnen Freistandsgrenzen (4-/3-/2-/1-Personen) werden oft überschätzt. Sie sind bei allen Hubrettungsfahrzeugen in etwa gleich. Mit der Aufhebung einer Freistandsgrenze kann nur ca. 1,5 m Ausladung (Faustformel) hinzugewonnen werden.

2 Abstützproblematik

Die technische Entwicklung im Hubrettungsfahrzeugbau hat sehr unterschiedliche Abstützsysteme hervorgebracht. In ihrer Vielfalt sind diese auch noch heute anzutreffen, sodass hier auf die Besonderheiten sowie die Vor- und Nachteile eingegangen werden soll. Die Standortbestimmung eines Hubrettungsfahrzeuges kann durchaus von der Art und Ausführung der vorhandenen Abstützung abhängen. Grundsätzlich ist im Hubrettungseinsatz zwischen belasteter und unbelasteter Abstützung zu unterscheiden. In der Regel wird der Einsatz eines Hubrettungsfahrzeuges nur auf einer Fahrzeugseite erforderlich sein, genauer gesagt auf der Seite in Richtung des anzuleiternden Objekts. Die belastete Abstützung ist somit die Abstützung auf der Seite, auf die der Hubrettungssatz gedreht werden soll. Die nicht belastete Abstützung befindet sich folglich auf der gegenüberliegenden Seite des Fahrzeuges. Wird auf der unbelasteten Seite die Abstützung nur abgelassen und nicht ausgefahren, kann wertvolle Zeit beim Anleitern gespart und eine Einschränkung des Verkehrs- und Bewegungsraumes gemindert werden. Die Bodenpressung einer Drehleiter darf laut DIN 14701 »Hubrettungsfahrzeuge« (alte Norm), DIN EN 14043 und DIN EN 14044 »Hubrettungsfahrzeuge für die Feuerwehr« einen Wert von 80 N/cm^2 nicht überschreiten. Die erreichbaren Ausladungswerte richten sich nicht nach dem in der Norm definierten Maß der Stützbreite in seiner Gesamtheit. Von entscheidender Bedeutung ist, wie weit die Abstützbalken auf der belasteten Seite ausgefahren werden können. Im Allgemeinen gilt also: Je weiter die Abstützung auf der belasteten Seite ausgefahren werden kann, umso größer wird die erreichbare Ausladung.

2.1   Unterlegklotz

Die auf jedem Hubrettungsfahrzeug mitgeführten Unterlegklötze/-platten dienen der Verteilung der Abstützkräfte auf den Untergrund (Bild 9). Aber auch ein notwendiger Höhenausgleich kann mit Unterlegklötzen erreicht werden (Bilder 10 und 11). Bei waagerechter Standfläche (Längs- oder Querneigung < 3) können bis zu zwei Unterlegklötze/-platten unter eine Stütze gelegt werden. Die Belegung der Unterlegklötze mit Stahl sorgt für elektrische Leitfähigkeit.

Bild 9:
Unterlegklötze können der Lastverteilung oder auch einem Höhenausgleich dienen

Bild 10: *Unterlegklötze zum Höhenausgleich*

Bild 11:
*Unterleg-
klotz unter
einer
Schräg-
abstützung*

Bild 12:
Lastverteilung auf den Untergrund durch Unterlegklötze, Auffahrbohlen sind hierfür nicht mehr zulässig

Die Verwendung von Auffahrbohlen unter den Abstützungen ist auch gegen anderslautende Bedienungsanleitungen nicht mehr zulässig (Bild 12).

2.2   Senkrechtabstützung

Diese Form der Abstützung findet man heute noch an älteren oder kleineren Ausführungen von Drehleitern bzw. Hubarbeitsbühnen. Diese einfache Art der Abstützung kann mechanisch (Fallspindel) oder auch hydraulisch ausgeführt sein. Sie wirkt senkrecht und nur innerhalb des Fahrzeugrahmens. Bei dieser Abstützung sind aus taktischer Sicht keine Besonderheiten zu beachten (Bild 13).

Zusammenfassung: Die Abstützbreite ist konstant. Die Ausladungswerte sind ebenfalls konstant. Aufgrund der geringen Abstützbreite werden nur geringe Ausladungswerte erreicht.

Bild 13: *Senkrechtabstützungen bleiben in Arbeitsstellung immer innerhalb des Fahrzeugrahmens (Feuerlöschgerätewerk Luckenwalde)*

2.3   Schrägabstützung

Es handelt sich hierbei um eine hydraulische Abstützung, die sich schräg aus dem Fahrzeugrahmen herausschiebt oder herausklappt. Die Abstützbreite ist somit größer als bei der Senkrechtabstützung. Sie kann sich jedoch durch Bodenerhebungen reduzieren. Diese minimale Reduzierung hat nur eine sehr geringe Auswirkung auf die Ausladungswerte, aufgrund der Konstruktion befinden sich die Abschaltgrenzen immer an der gleichen Stelle innerhalb des Benutzungsfeldes. Das heißt, das Maß von der Drehkranzmitte bis zur Leiterspitze/Korbaußenkante ist in der Regel immer konstant (Bilder 14 und 15).

Zusammenfassung: Die Abstützbreite ist nicht variabel. Die Ausladungswerte sind in der Regel immer konstant. Die Abstützbreite ist gering. Es werden nur geringe Ausladungswerte erreicht.

Bild 14: *Beispiel für eine Schrägabstützung, die sich aus dem Fahrzeugrahmen herausschiebt (Magirus)*

Bild 15: *Beispiel für eine Schrägabstützung, die sich aus dem Fahrzeugrahmen herausklappt (Feuerlöschgerätewerk Luckenwalde)*

2.4 Besonderheiten der Schrägabstützungen

Drehleitern mit Schrägabstützung verfügen im Gegensatz zu modernen Drehleitern über wesentlich geringere Ausladungswerte. Umso wichtiger kann es sein, das Fahrzeug möglichst nahe an das Objekt zu bringen. Soll auf nicht befestigtem Untergrund abgestützt werden, müssen Unterlegklötze zur Lastverteilung eingesetzt werden. Beim Ausfahren der Schrägabstützung führen die Abstützteller eine gleitende Bewegung bei gleichzeitiger Absenkung aus, sodass die richtige Platzierung auf einem Unterlegklotz mit Schwierigkeiten verbunden ist (Bild 16). Aber Achtung: Bei Schrägabstützungen, die in einem sehr steilen Winkel ausfahren, können hohe Bordsteinkanten ein Hindernis darstellen, denn der Abstützteller kann nicht exakt darauf platziert werden (Bild 17).

Bild 16: *Platzierung einer Schrägabstützung auf einem Unterlegklotz*

Bild 17: *Die Abstützungen können hier seitlich nicht ausgefahren werden, daher ist schon bei der Standortwahl immer auf die Möglichkeit der korrekten Platzierung der Abstützteller zu achten.*

2.5   Waagrecht-Senkrecht-Abstützung

Bei dieser Abstützungsart werden senkrecht wirkende Hydraulikzylinder seitlich ausgefahren. Diese Art der Abstützung ist bei Drehleitern und Hubarbeitsbühnen am weitesten verbreitet. Ältere Bauausführungen mit dieser Art der Abstützung erfassen die Abstützbreite nicht stufenlos, sondern nur in zwei oder 3 Teilbereichen.

Eine maximale Abstützbreite bedeutet, dass maximale Ausladungswerte erreicht werden können. Eine mittlere Abstützbreite bedeutet, dass nur noch verminderte Ausladungswerte erreicht werden. Und die kleinste Abstützbreite bedeutet folglich, dass nur noch geringste Ausladungswerte erreicht werden. Zwischenstufen können von diesen Bauausführungen nicht erfasst werden. Moderne Hubrettungsfahrzeuge sind in der Lage, über eine gleitende Ausladungssteuerung die tatsächliche Abstützbreite zu erfassen und in maximale Ausladungswerte umzurechnen (Bild 18). Zusammenfassung: Die Abstützbreite ist variabel. Die Abstützbreite ist groß, sodass große Ausladungswerte erreicht werden. Die Abstützung kann nicht überstiegen werden. Hindernisse können nicht unterfahren werden. Das Fahrgestell kann nur bei Drehleitern für Arbeiten im Unterflurbereich durch die Abstützung in eine Querneigung gebracht werden.

Bild 18: *Voll ausgefahrene Waagrecht-Senkrecht-Abstützung (Metz)*

2.6   Vario-Abstützung

Diese Art der hydraulischen Abstützung wird fälschlicherweise oft als Schrägabstützung bezeichnet. Sie unterscheidet sich aber erheblich von dieser und ist nur bei Drehleitern anzutreffen. Diese Abstützung kann ebenfalls stufenlos seitlich ausgefahren werden. Hierbei ist es aber möglich, den Abstützteller auch in Bodennähe gleiten zu lassen. Erst dann wird der Abstützbalken in seiner Gesamtheit abgesenkt. Ältere Drehleiterausführungen erfassen die Abstützbreite nicht stufenlos, sondern in 4 Teilbereichen. Je nach Teilbereich erweitert sich die Ausladung bzw. das Benutzungsfeld. Moderne Drehleitern verfügen über eine gleitende Ausladungssteuerung, welche die tatsächliche Abstützbreite erfassen kann und in maximale Ausladungswerte umrechnet (Bilder 19 und 20).

Bild 19: *Die Vario-Abstützung ist voll ausgefahren (Magirus).*

Bild 20: *Die Vario-Abstützung kann ein Hindernis problemlos unterfahren (Magirus).*

Zusammenfassung: Die Abstützbreite ist variabel. Die Abstützbreite ist groß, sodass große Ausladungswerte erreicht werden. Die Abstützung kann teilweise Hindernisse unterfahren. Sie kann problemlos überstiegen werden. Das Fahrgestell kann für Arbeiten im Unterflurbereich durch die Abstützung nicht in eine Querneigung gebracht werden.

2.7   Einfluss der Abstützbreite

Die Größe des Benutzungsfeldes steht im direkten Zusammenhang mit der Abstützbreite. Je weiter die Abstützung auf der belasteten Seite ausgefahren werden kann, umso größer ist die mögliche Ausladung innerhalb des Benutzungsfeldes. Das Hubrettungsfahrzeug ist also immer so zu platzieren, dass die Abstützung auf der belasteten Seite in ihrer Gesamtheit ausgefahren werden kann. Somit spielen die verschiedenen Teilbereiche bei der Fahrzeugaufstellung keine entscheidende Rolle mehr. Hubarbeitsbühnen verfügen gegenüber Drehleitern über größere Abstützbreiten, sodass ein größerer Platzbedarf bei der Aufstellung erforderlich ist. Bei Drehleitern handelt es sich in der Regel um einen Mindestabstand von 1 m, Hubarbeitsbühnen benötigen einen Mindestabstand von

Bild 21: *Ein Mindestabstand für die Abstützungen ist einzuhalten. Diese Fahrzeugaufstellung ist falsch!*

2 m zwischen der Fahrzeugaußenkante und möglichen Hindernissen, der für die Abstützung benötigt wird. Durch die Einhaltung dieses Mindestabstandes gehen zwar 1 bzw. 2 wertvolle Meter zur Annäherung an das Objekt verloren, der Gewinn an Ausladung durch die größere Abstützbreite wiegt diesen Verlust aber um ein Vielfaches wieder auf (Bilder 21 und 22).

Bild 22: *In diesem Fall wurde der richtige Mindestabstand für die Abstützungen eingehalten.*

Bild 23: *Die größere Abstützbreite der HAB erfordert auch einen größeren Platzbedarf.*

2.8   Standflächenlasten

Für öffentliche Verkehrswege (Straßen) gelten verlässliche Richtwerte über die mögliche Belastbarkeit, da diese u. a. in Brückenklassen definiert sind. Wird das Fahrzeug auf dem Fahrbahnbelag abgestützt, und es liegt keine Längs- oder Querneigung des Fahrzeuges vor, so gibt es in der Regel keine Probleme. Ein befestigter Untergrund kann im Allgemeinen die Kräfte der Abstützung aufnehmen und an den Untergrund ableiten.

2.8.1 Beurteilung von Standflächen

Eine Beurteilung von Standflächen ist im Prinzip nur dann erforderlich, wenn die Abstützung des Fahrzeuges abseits des Fahrbahnbelages oder auf unbefestigtem Untergrund erfolgen soll. Eine Ausnahme bilden hier Feuerwehrzufahrten, Bewegungsflächen und Aufstellflächen der Feuerwehr, da diese in ihrer Belastbarkeit definiert und ausreichend befestigt sind. Die Beurteilung einer möglichen Standfläche ist ohne Hilfsmittel in der Praxis kaum möglich. Hilfreich und ein grober Anhaltspunkt kann aber die Einschätzung sein, ob die Tragfähigkeit für das Fahren ausreichend ist. Diese Fragestellung begegnet den Fahrern von Feuerwehrfahrzeugen immer wieder und muss dann abgewogen werden. Hier ist die Erfahrung des Maschinisten gefragt, denn ihm obliegt letztendlich die Verantwortung für den Einsatz des Hubrettungsfahrzeugs.

Merke:

Wo man fahren kann, kann man in der Regel auch abstützen.

2.8.2 Abstützungen auf Gehwegen

Abstützungen können durchaus auf Gehwegen platziert werden. Grundsätzlich sollten aber immer Unterlegklötze/-platten zur Lastverteilung unter die Abstützteller gelegt werden. Können die Abstützungen auf dem Gehweg statt auf der Fahrbahn platziert werden, so gewinnt man eine Annäherung der Drehkranzmitte (gelbe Linie in Bild 24) von ca. 1 m an das

Objekt. Bei Hubarbeitsbühnen kann die Annäherung an das Objekt sogar 2 m betragen. Dieser gewonnene Meter kann letztendlich entscheidend sein, ob das Objekt überhaupt erreicht oder mit welcher Last der Leitersatz noch belastet werden kann (Bild 26).

Bild 24: *Die Abstützung wurde nicht auf dem Gehweg platziert, sodass rund 1 m Reichweite in Richtung des Objektes »verschenkt« wurde.*

Um die Drehkranzmitte (gelbe Linie in Bild 25) noch dichter an ein Objekt zu bekommen, kann das Hubrettungsfahrzeug auch rückwärts an das Objekt eingewiesen werden. Die Hinterräder werden bis an den Bordstein gefahren und die Abstützungen ebenfalls auf dem Gehweg platziert. Der Annäherungsgewinn an das Objekt kann, je nach Bauausführung, noch einmal mehr als 1 m betragen. Diese Form der Aufstellung erfordert allerdings viel Platz zum Rangieren des Hubrettungsfahrzeuges.

Bild 25: *Die Abstützung wurde auf dem Gehweg platziert, sodass sich die Drehkranzmitte um ca. 1 m dem Objekt nähert.*

Ein Objekt über das Heck (Drehwinkel nach rechts oder links zur Fahrzeuglängsachse nicht größer als 20°) anzufahren hat den Vorteil, dass die tatsächliche Abstützbreite keinen Einfluss auf die Größe des Benutzungsfeldes hat. Das Benutzungsfeld ist im genannten Bereich auch bei kleinster Abstützbreite nicht eingeschränkt. Ist Zeit und Raum vorhanden, sollte das Fahrzeug aber immer mit maximaler Abstützbreite abgestützt werden. Die Reichweite eines über das Heck gedrehten Leitersatzes ist nicht größer als bei einem bei maximaler Abstützbreite um 90° zur Längsachse des Fahrzeuges gedrehter Hubrettungsausleger.

Bild 26: *Wird die Drehleiter rückwärts eingewiesen, nähert sich die Drehkranzmitte noch einmal ca. 1 m dem Objekt.*

> **Merke:**
> Über das Heck des Fahrzeuges kann keine größere Reichweite, sondern nur eine größere Drehturmannäherung erreicht werden (Bild 27)!

Bild 27: *Größtmögliche Drehturmannäherung an das Objekt über das Heck des Fahrzeuges*

2.8.3 Abstützung auf Kanaldeckeln

Hubrettungsfahrzeuge dürfen nicht auf Kanal- oder Schachtabdeckungen abgestützt werden. Ein Mindestabstand von ca. 50 cm ist einzuhalten (Bild 28). Dies gilt besonders auf landwirtschaftlichen Anwesen, wo mit gemauerten Sicker- und

Güllegruben gerechnet werden muss, die in ihrer Lastaufnahme nicht definiert sind. Bei einem Einsatz des Hubrettungsfahrzeuges auf einem Privatgelände ist immer besondere Vorsicht geboten. Zur Sicherheit sollten hier immer Unterlegklötze/-platten zur Lastverteilung unter die Abstützteller gelegt werden.

Bild 28: *Ein Mindestabstand von ca. 50 cm zu Schachtabdeckungen ist einzuhalten.*

2.8.4 Abstand zu unverbauten Baugruben

Die Standfestigkeit von unverbauten Geländekanten kann sehr schwer eingeschätzt werden, da hier die Bodenbeschaffenheit eine sehr große Rolle spielt. Darum ist bei unverbauten Baugruben oder sonstigen unbefestigten Geländekanten immer ein Mindestabstand einzuhalten, der sich aus der Einhaltung eines Böschungswinkels von ca. 45° ergibt (Bild 29). Die Tiefe der Baugrube stellt somit in etwa den Mindestabstand der

Abstützungen zur Grubenkante dar. Dies ist eine vereinfachte Formel, die immer den ungünstigsten Fall abdeckt. Den Mindestabstand in verschiedene Lasteintragungswinkel zu unterscheiden, ist in der Praxis kaum durchführbar. Zur Beachtung: Bei Fahrzeugen mit einer Gesamtmasse von bis zu 12 t sollte ein Schutzstreifen von mindestens 1 m und bei Fahrzeugen mit einer Gesamtmasse von mehr als 12 t ein Schutzstreifen von mindestens 2 m eingehalten werden. Diese Abstandswerte werden auch von der Berufsgenossenschaft der Bauwirtschaft (BG Bau) für Fahrzeuge und Baugeräte von über 12 t bis 40 t Gesamtmasse vorgeschrieben. Auch hier ist die Lastverteilung durch Unterlegklötze/-platten empfehlenswert. Befestigte Geländekanten, an denen regelmäßig tonnenschwere Lasten bewegt werden, wie zum Beispiel an Hafen- und Kaianlagen, sind als Aufstellflächen unkritisch zu beurteilen.

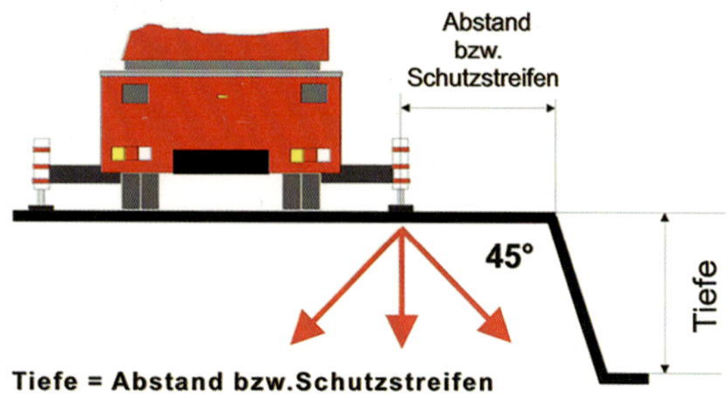

Bild 29: *Ein Böschungswinkel von 45° ist einzuhalten.*

3 Die Hubrettungsfahrzeugbesatzung

Fahrzeuge, die der DIN 14701 »Hubrettungsfahrzeuge« entsprechen, sind zur Aufnahme einer Truppbesatzung konzipiert. Die neuen Normen treffen hier keine Aussagen. Ältere Drehleitermodelle, so wie sie vielerorts noch anzutreffen sind, können aber auch mit einer Staffelkabine zur Aufnahme einer Staffelbesatzung ausgestattet sein. Um ein Hubrettungsfahrzeug einsetzen zu können, sind in der Regel aber 2 Feuerwehrangehörige ausreichend. Die Mindestbesatzung setzt sich somit aus einem Fahrer, dem Maschinisten, und dem Hubrettungsfahrzeug-Führer, kurz Einweiser genannt, zusammen. Es ist wünschenswert, dass auch der Hubrettungsfahrzeug-Führer/Einweiser über die Qualifikation des Maschinisten verfügt. Zumindest sollte er aber mit der Einsatztaktik des Hubrettungseinsatzes vertraut sein, da nur er das Hubrettungsfahrzeug richtig positionieren kann. Für den Maschinisten ist es unmöglich, das Fahrzeug zu fahren und es gleichzeitig einzuweisen. Man unterscheidet deshalb auch in die Aufgaben des Maschinisten und in die Aufgaben des Einweisers.

3.1 Aufgaben des Maschinisten

Der Maschinist muss folgende Anforderungen im Hubrettungseinsatz erfüllen:

- Beherrschung der Fahrzeugtechnik,

- Beherrschung der Hubrettungstechnik,
- Einhaltung von Unfallverhütungsvorschriften,
- Kenntnisse über die Grundsätze des Hubrettungseinsatzes.

Auf die Vorgaben der Straßenverkehrsordnung (StVO) und die Anforderungen an Sonderrechtsfahrten wird hier nicht besonders eingegangen, da dies den Rahmen des vorliegenden Roten Heftes sprengen würde. Im Folgenden werden die Grundsätze des Drehleitereinsatzes behandelt, die Kenntnis der Bedienungsanleitung und der Unfallverhütungsvorschriften wird vorausgesetzt.

Die zu beachtenden Grundsätze beim Hubrettungseinsatz in der Verantwortung des Maschinisten sind:

1. Beim Ausfahren der Abstützungen ist auf Personen im Gefahrenbereich zu achten, ggf. sind diese mit dem Ruf »Achtung Stützen!« zu warnen.
2. Bewegungen des Hubrettungssatzes sind zügig, aber nicht ruckartig durchzuführen. Die Gegenbewegung erst einleiten, wenn der Hubrettungssatz zum Stillstand gekommen ist, dies gilt besonders für die Drehbewegung.
3. Beim Besteigen des Leitersatzes oder der Notabstiegsleiter einer HAB ist vorher möglichst Sprossengleichheit herzustellen. Beim Ein- oder Ausziehen des Hubrettungssatzes kommt es etwa alle 90 cm zu einer Sprossenüberdeckung.
4. Der Maschinist ist für die Steigermannschaft bzw. für die Korbbesatzung verantwortlich und muss

daher den Hubrettungssatz vom Hauptbedienstand aus jederzeit überwachen.

5. Nur bei Drehleitern: Besteht die Gefahr, dass die Geländeausgleichseinrichtung (in den Bedienungsanleitungen auch Niveauregulierung, Seitensenkrechtstellung oder Terrainregulierung genannt) ungewollt nachregelt, so ist sie kurz vor dem Erreichen des Einsatzzieles abzuschalten. Somit wird eine Gefahr für Personen, für das Gerät und für das Anleiterobjekt ausgeschlossen.

6. Werden keine Bewegungen mit dem Hubrettungssatz durchgeführt, so ist die Hydraulik durch Lösen des Totmannschalters auszuschalten. Bei älteren Drehleitern wird damit eine unnötige Ölerwärmung verhindert.

7. Drehbewegungen sollten möglichst von rechts nach links durchgeführt werden, da das Sichtfeld des Maschinisten auf der rechten Seite des Hubrettungssatzes stark eingeschränkt ist. Dies sollte schon bei der Standortbestimmung des Hubrettungsfahrzeuges bedacht werden, lässt sich aber sicher nicht immer realisieren.

8. Wird der Leitersatz oder die Notabstiegsleiter einer HAB bestiegen, so ist der Motor auszuschalten. Dieser Hinweis in den Bedienungsanleitungen ist aber eigentlich nicht praktikabel, denn bei Dunkelheit sollte aufgrund der Beleuchtungs- und der Betriebsüberwachungseinrichtungen der Motor zur Batterie-Spannungserhaltung zumindest mit Leerlaufdrehzahl betrieben werden. Unfälle, die sich

hierbei in der Vergangenheit ereignet haben, sind nicht deshalb passiert, weil der Motor nicht abgestellt wurde, sondern weil der Maschinist sich nicht davon überzeugt hat, dass sich keine Personen mehr auf dem Leitersatz oder der Notabstiegsleiter befinden.

9. Nur bei Drehleitern und HAB mit Notabstiegsleiter: Beim Anleitern in den freien Raum sollte der Hubrettungssatz deutlich über dem Anleiterpunkt ausgezogen werden. Der Fluchtweg für die Einsatzkräfte ist somit auch bei einer Rauchentwicklung immer deutlich zu erkennen (Bild 30). Bei Drehleitern mit Korb und Hubarbeitsbühnen wird der Rettungskorb im freien Raum platziert. Ein plötzlicher Rückzug lässt sich so schneller gestalten. Die Personen können direkt auf den Leitersatz bzw. die Notabstiegsleiter gelangen, ein umständliches Durchsteigen des Rettungskorbes entfällt somit. Ein weiterer Vorteil ist, dass sich mehr Personen gleichzeitig retten können als die maximale Korblast dies zulassen würde (Bild 31). Auch eine gleichzeitige Ausleuchtung der Dachfläche mit am Korb montierten Scheinwerfern lässt sich so einfach gestalten.

10. Bewegungen des Hubrettungssatzes sollten möglichst im freien Raum durchgeführt werden und nicht zu nahe am Objekt. Die Bewegungen können somit schneller erfolgen, da die Gefahr des Anstoßes im freien Raum gering ist.

11. Beim Drehleitereinsatz ohne Rettungskorb ist an Fenster und Öffnungen grundsätzlich rechts und bündig mit der Laibung anzuleitern. Das gewohnheitsmäßige Übersteigen nach links wird somit erleichtert. Auch der Freiraum für den Ein- und Überstieg wird dadurch so groß wie möglich gehalten (Bild 32).

12. Wurde an einem Objekt angeleitert, so ist beim Zurücknehmen des Hubrettungssatzes in der Regel mit der Gegenbewegung der zuletzt ausgeführten Bewegung zu beginnen, bevor der Hubrettungssatz eingezogen wird. Beschädigungen sowohl am Gerät als auch am Objekt sollen damit vermieden werden.

13. Ertönt das akustische Signal, so ist der Hubrettungssatz sofort zu entlasten. Es besteht Kippgefahr! Einziehen oder Aufrichten des Hubrettungssatzes sind in der Regel entlastende Bewegungen.

14. Der Rettungskorb sollte in der ersten Phase der Brandbekämpfung nicht hinter Hindernissen in Stellung gebracht werden. Ein schneller Rückzug bei Gefahr (z. B. Durchzündungen) ist dann immer möglich.

Bild 30: *Der mögliche Fluchtweg ist jederzeit deutlich zu erkennen, wenn der Leitersatz über die Gebäudekante ragt.*

Bild 31: *Auch Drehleitern mit Korb werden so platziert, dass sich der Rettungskorb im freien Raum befindet. Eine umständliche Flucht durch den Rettungskorb entfällt.*

Bild 32: *Es ist grundsätzlich an die rechte Fensterlaibung anzuleitern.*

3.2 Aufgaben des Einweisers

Der Einweiser muss folgende Anforderungen im Hubrettungseinsatz erfüllen:

- Beurteilung von Standflächen,
- Standortbestimmung,

- Einweisung des Fahrzeuges,
- Einweisung des Leitersatzes,
- Kenntnisse über die Grundsätze des Drehleitereinsatzes.

Die Beurteilung von Standflächen sowie die Standortbestimmung kann nicht vom Maschinisten durchgeführt werden, da dies zu einer nicht vertretbaren Zeitverzögerung führen würde. Sollte der Standort des Hubrettungsfahrzeuges unglücklich gewählt worden sein, fällt dies nicht, wie oft vermutet, in die Verantwortlichkeit des Maschinisten.

Zur Beurteilung von Standflächen für Hubrettungsfahrzeuge gehört eine Menge Erfahrung, da die Bodenbeschaffenheit und der Untergrund nur schwer einzuschätzen sind. Die maximale Bodenpressung einer Drehleiter darf zwar laut Norm $80\ N/cm^2$ nicht überschreiten, dies ist aber als Wert für die Praxis kaum zu handhaben. Laut Herstellerangaben ergibt sich im ungünstigsten Fall – Leitersatz bei voller Ausladung und Belastung über eine Abstützung gedreht – eine Bodenpressung von ca. $60\ N/cm^2$ auf die belastete Abstützung. Das bedeutet, dass auf Straßen, die für den öffentlichen Straßenverkehr zugelassenen sind, immer problemlos abgestützt werden kann, da diese in der Regel für eine Achslast von 10 t ausgelegt sind.

Die zu beachtenden Grundsätze beim Hubrettungseinsatz in der Verantwortung des Einweisers sind:

1. Beim Anleitern an freistehenden Objekten (Schornsteine, Antennen usw.) sollte mit dem Hubrettungssatz möglichst rechts daran vorbeigefahren werden

können. Somit hat der Maschinist eine bessere Sicht auf das Anleiterobjekt und den Korb bzw. Leiterspitze. Dies sollte bereits bei der Fahrzeugaufstellung bedacht werden.

2. Bei der Fahrzeugaufstellung ist der Trümmerschatten zu beachten. Im Allgemeinen gilt, dass folgende Fragen immer abzuwägen sind: Stehen der Einsatzauftrag oder das Einsatzziel im Verhältnis zur Gefährdung von Mannschaft und Gerät? Bei der Menschenrettung darf der Trümmerschatten keine Rolle spielen!

3. Bei Sägearbeiten möglichst über das Heck des Fahrzeuges anleitern. Zum einen gefährden herabstürzende Teile so nicht die Mannschaft und das Gerät, zum anderen haben die Einsatzkräfte bei solchen Einsätzen in der Regel auch Zeit zum Rangieren.

4. Schon bei der Einweisung des Fahrzeuges ist auf Hindernisse (Oberleitungen, starke Äste usw.) für den Hubrettungssatz zu achten.

5. Nicht nur das Fahrzeug einweisen, sondern gegebenenfalls auch die Bewegungen des Hubrettungssatzes! Sollte die Sicht des Maschinisten auf das Anleiterobjekt oder den Rettungskorb bzw. die Leiterspitze eingeschränkt sein, sollte er sich der Hilfe des Einweisers bedienen.

6. Den besten Wirkungsgrad (Ausladung im Verhältnis zur Rettungshöhe) hat ein Hubrettungsfahrzeug mit einem um 90° gedrehten Turm oder über das Heck des Fahrzeuges. Ein Anleitern über das Fahrerhaus

hinweg sollte möglichst vermieden werden, da hierdurch bis zu 7 m Ausladung verloren gehen.

7. Nur bei Drehleitern: Bei der Einweisung des Fahrzeuges besteht die Gefahr, dass sich der Einweiser nur auf das Anleiterobjekt konzentriert und bei Drehbewegungen den Überhang des Drehturmes nach hinten außeracht lässt. Dies gilt auch für den Maschinisten (Bild 33).

8. Auch an einen Freiraum hinter dem Hubrettungsfahrzeug denken. Nur so besteht in engen Straßen die Möglichkeit, den Hubrettungssatz nach hinten ablegen zu können. Der Anbau von Zusatzausrüstung (z.B. Wasserwerfer oder Scheinwerfer) wird damit erheblich erleichtert bzw. der Einsatz der Krankentragenlagerung überhaupt erst möglich gemacht. Der Freiraum sollte ca. 10 m betragen.

Bild 33: *Der Überhang beim Drehen ist schon bei der Fahrzeugaufstellung zu beachten.*

4 Menschenrettung

Bei der zeitkritischen Menschenrettung zählt letztendlich nur der Erfolg. Ein wichtiger Faktor ist hierbei immer die Zeit. Zeit kann man durch das Zusammenspiel zwischen Einweiser und Maschinist gewinnen. Die Vorgehensweise richtet sich danach, ob ein Klappkorb vorhanden ist oder ob der Rettungskorb zeitaufwendig montiert werden muss. Wird die Abstützung nur auf der belasteten Seite ganz ausgefahren und auf der

Bild 34: *Die Abstützungen wurden nur auf der belasteten Fahrzeugseite ganz ausgefahren, um eine schnellere Menschenrettung zu ermöglichen.*

unbelasteten Seite die Abstützung nur abgelassen, kann ebenfalls wertvolle Zeit gewonnen werden (Bild 34).

4.1 Rettung mit oder ohne Rettungskorb

Die Frage, ob eine Rettung mit oder ohne Rettungskorb durchgeführt wird, stellt sich eigentlich nur noch bei Drehleiterausführungen, die über keinen Klappkorb (teilweise auch als Stülpkorb bezeichnet) verfügen. Da bei diesen Drehleitern der Rettungskorb erst an der Leiterspitze montiert werden muss, was wertvolle Zeit kostet, wird eine Rettung grundsätzlich ohne Korb durchgeführt. Der Leitersatz wird als feststehende Verbindung (Brücke) genutzt, denn nur so können mehrere Personen gleichzeitig gerettet werden.

Ein weiterer wichtiger Faktor ist die Größe des Benutzungsfeldes. Bei älteren Bauausführungen ist das Benutzungsfeld mit montiertem Rettungskorb erheblich kleiner als bei Leiterbetrieb ohne Rettungskorb, da diese über kein Auflagefeld verfügen (vergleiche Bilder 3 und 4). Im Idealfall steigt ein Feuerwehrangehöriger der zu rettenden Person voraus. Dies ist aber meist aufgrund von Personalknappheit gerade in der ersten Phase des Einsatzes nicht möglich. Die Erfahrungen zeigen jedoch, dass Personen, die sich in Lebensgefahr befinden, über sich hinauswachsen und die Drehleiter durchaus auch ohne fremde Hilfe hinabsteigen können.

4.2   Rettung ohne Klappkorb

Nachdem der Drehleiterstandort festgelegt wurde und die Drehleiter zum Stillstand gekommen ist, legt der Maschinist den Nebenantrieb ein und begibt sich sofort zum Hauptbedienstand. Der Einweiser fährt in der Zwischenzeit die Abstützungen aus, sodass der Maschinist nach erfolgtem Druckumbau auf den Leitersatz sofort mit Leiterbewegungen beginnen kann.

4.3   Rettung mit Klappkorb

Nachdem der Standort des Hubrettungsfahrzeuges festgelegt wurde und das Fahrzeug zum Stillstand gekommen ist, legt der Maschinist den Nebenantrieb ein und begibt sich zum Abstützungssteuerstand. Der Einweiser, der seine Aufgabe mit der Standortbestimmung erfüllt hat, kann sich sofort in den Korb begeben. Mit dem erfolgten Druckumbau kann dieser dann den Hubrettungssatz in Bewegung setzen (Bild 35).

Müssen mehr Personen gerettet werden, als die Korbnutzlast zulässt, darf der Rettungskorb auf keinen Fall vom Objekt weggefahren werden. Kaum berechenbare Panik- oder Angstreaktionen von Personen, die zurückgelassen werden müssen, können die Folge sein. Der so genannte »Aufzugsbetrieb« – das wiederholte Ansteuern des gleichen Ziels mit dem Rettungskorb – ist also nicht anzuwenden. Auch bei Drehleitern mit Klappkorb wird der Leitersatz als feststehende Verbindung (Brücke) genutzt, nur so können mehrere Personen gleichzeitig

Bild 35: *Zusammenwirken von Maschinist und Einweiser.*

gerettet werden. Dieses gilt gleichermaßen für Hubarbeitsbühnen mit einer vorhandenen Notabstiegsleiter.

Hier wird deutlich, dass bei einer Menschenrettung von
mehreren Personen die von den Drehleiterherstellern angebo-
tene »Memory-Schaltung« (das gleiche Ziel wird auf Knopf-
druck immer automatisch angesteuert) keinen Sinn macht.

Sind bei großen Aufrichtwinkeln nur geringe Ausladungswerte erforderlich, so kann ein Feuerwehrangehöriger bei der
Rettung durch den Korb hindurch Hilfestellung geben. Der
Maschinist, der in der Regel die Bewegungen des Hubrettungssatzes schneller als die Korbbesatzung durchführen kann,

bewegt den Korb mit dem Feuerwehrangehörigen in die Nähe des Anleiterzieles. Erst das feinfühlige Anleitern am Objekt wird dann von der Korbbesatzung durchgeführt.

4.4 Rettung mit HAB ohne Notabstiegsleiter

Sollen mit einer Hubarbeitsbühne ohne Notabstiegsleiter mehr Personen gerettet werden, als es die Korbnutzlast zulässt, muss sich der Rettungskorb nach Aufnahme der noch zulässigen Personenzahl nach oben vom Objekt entfernen, um dann das Ziel erneut anzufahren. Damit soll verhindert werden, dass Personen in den Korb springen.

4.5 Reihenfolge der Rettung

Bei der Rettung von Personen ist die Reihenfolge zu bedenken: Wir konzentrieren uns zuerst auf Personen, die wir sehen, dann auf Personen, die wir hören, und dann erst auf Personen, die vermutet werden. Zeigen sich mehrere Personen gleichzeitig, retten wir zuerst die Personen, die augenscheinlich am meisten gefährdet sind, und nicht die, die sich am lautesten bemerkbar machen (Bild 36).

Bei der zeitkritischen Menschenrettung sollte sich der Hubrettungssatz lageabhängig von oben oder seitlich nähern. Nähert sich der Rettungskorb von unten, besteht erfahrungsgemäß die Gefahr, dass Personen vorzeitig auf den Leitersatz bzw. in den Rettungskorb springen. Von dieser Regel kann bei

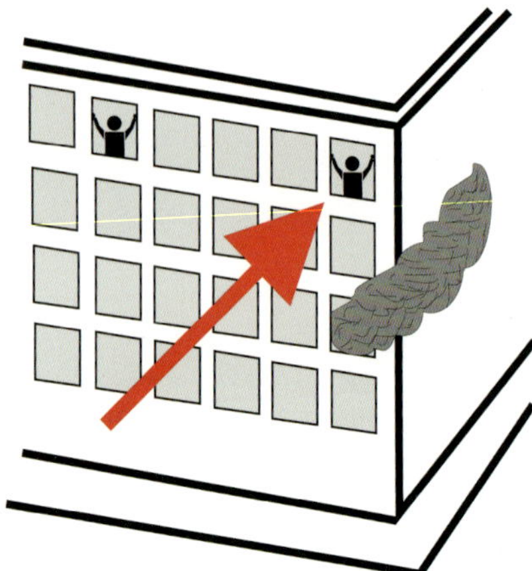

Kleinkindern abgewichen werden, wenn diese abzustürzen drohen, da sie keine große Gefahr für die Standsicherheit des Hubrettungsfahrzeuges darstellen.

4.6   Kellerbrand mit Hubrettungsfahrzeug

Bei manchen Feuerwehren ist es üblich, dass zu einem Kellerbrand das Hubrettungsfahrzeug nicht mit ausrückt, da diese offensichtlich nicht benötigt wird. Einsatzerfahrungen zeigen aber, dass selbst bei einem gemeldeten Kellerbrand das Hubrettungsfahrzeug immer mit ausrücken sollte. Denn es kann beispielsweise vorkommen, dass Personen – bedingt durch einen Kellerbrand – Rauch im Treppenraum feststellen, ihre eigene Lage verkennen und sich plötzlich in Lebensgefahr wähnen. Diese Personen neigen dann zu Panik- oder Angstreaktionen, die kaum berechenbar sind. Ein Sprung aus dem Fenster ist durchaus denkbar. Ein Hubrettungsfahrzeug erst dann nachzufordern, wenn sich Personen lautstark um Hilfe rufend an den Fenstern zeigen, kostet wertvolle Zeit.

4.7 Menschenrettung mit Krankentragenlagerung

Die Krankentragenlagerung, so wie sie heute bei den Hubrettungsfahrzeugen zur Standardausstattung gehört, ist nicht dazu konzipiert, gehunfähige Personen aus einer Feuergefahr zu retten. Die Rüstzeiten sowie der Personalaufwand lassen eine zeitgerechte Rettung nicht zu. Besonders bei Pflege- und Altenheimen oder auch Krankenhäusern erfolgt die Rettung bzw. das In-Sicherheit-bringen von gefährdeten Personen von einem Brand- bzw. Rauchabschnitt in einen anderen. Die Krankentragenlagerung dient vielmehr zur schonenden Rettung von Personen/Patienten aus Höhen, bei denen andere Rettungsmöglichkeiten nicht zweckdienlich erscheinen.

5 Anleiterformen

Die klassische Anleiterform ist das Anleitern im rechten Winkel zum Objekt. Diese Form sollte möglichst immer angestrebt werden, um einen spitzen Winkel zum Objekt zu vermeiden, da es sich hierbei in der Regel um die kürzeste Verbindung zum Anleiterziel handelt. Das Auflegen des Leitersatzes ist im rechten Winkel problemloser möglich, und ein Überstieg auf den Leitersatz oder in den Rettungskorb ist wesentlich einfacher und auch sicherer für Ungeübte. Diese Anleiterform lässt sich allerdings nicht immer realisieren, sodass dann auch andere Anleiterformen gewählt werden müssen.

5.1 Anleiterform: Parallel zur Hauswand

Bei dieser Anleiterform wird der Hubrettungssatz parallel zur Hauswand gestellt. Der Abstand zwischen Hauswand und dem Hubrettungssatz ist immer gleich und bildet somit eine Parallele (Bild 37). Zur Vereinfachung wird diese Anleiterform auch »Scheibenwischer« genannt. Es ist natürlich immer von großer Bedeutung, in welchem Benutzungsfeld sich dann der Hubrettungssatz befindet oder ob das Anleiterziel überhaupt erreicht werden kann. Die kürzeste Verbindung zum Anleiterziel wird nur bei dieser Anleiterform erreicht, denn die Strecke A-B wird immer kürzer sein als die Strecke A–C (Bild 38).

Um eine größtmögliche Sicherheit bei der Rettung von Personen zu erreichen, sollte mit einer Drehleiter ohne Ret-

Bild 37: *Der Leitersatz befindet sich parallel zur Hauswand. Der Abstand zwischen Hauswand und Leitersatz ist immer gleich.*

tungskorb der Leitersatz am Fenster vorbei gefahren werden. Der Überstieg gestaltet sich dann auch für ungeübte Personen leichter. Nur in Ausnahmefällen sollte im spitzen Winkel angeleitert werden. In Bild 39 wird deutlich, wie schwierig sich der Überstieg in den Rettungskorb gestaltet, wenn im spitzen Winkel angeleitert wird.

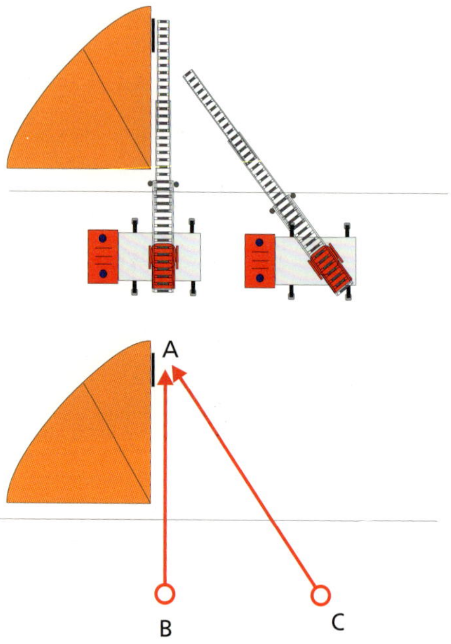

Bild 38: *Die Strecke A–B stellt die kürzeste Verbindung zum Anleiterziel dar.*

Bild 39:
Wird im spitzen Winkel angeleitert, ist ein Überstieg immer sehr schwierig.

5.2   Anleiterform: Parallel zur Dachhaut

Bei dieser Anleiterform wird der Hubrettungssatz parallel zur Dachhaut gestellt. Der Abstand zwischen Dachhaut und dem Hubrettungssatz ist beinahe immer gleich und bildet eine Parallele. Diese Anleiterform stammt aus der Zeit, als noch keine Rettungskörbe üblich waren. Denn um ein erneutes Leitermanöver durchführen zu können, musste stets die Steigermannschaft den Leitersatz wieder verlassen. Mit dieser Anleiterform kann mit nur einem Anleitermanöver sowohl der Dachfirst als auch die Traufe gleichzeitig erreicht werden. Durch den Rettungskorb verlor diese Anleiterform immer mehr an Bedeutung, sollte aber nicht völlig in Vergessenheit geraten, denn hierbei ergibt sich immer der optimale Standplatz des Hubrettungsfahrzeuges, um den Dachfirst erreichen zu können (Bild 40).

Bild 40:
Der Leiter-satz befin-det sich parallel zur Dachhaut.

5.3   Anleiterform: Überstand/versetzte Bauweise

Hier sind Anleiterziele gemeint, die im ersten Augenschein durch Hindernisse verdeckt werden. Gleiches gilt auch bei Überständen oder einer nach hinten versetzten Bauweise. Da für die Drehleiter in der Regel ein geradliniger, direkter Weg zum Anleiterziel erforderlich ist, erscheint diese Anleiterform als die am schwierigsten zu meisternde Aufgabe (Bilder 41 und 42). Die Standortbestimmung bei dieser Anleiterform wird in Abschnitt 8 näher erläutert.

Bild 41: *Das Anleiterziel wird durch die versetzte Bauweise verdeckt.*

Bild 42: *Das Anleiterziel kann nur durch die richtige Fahrzeugaufstellung erreicht werden.*

5.4   Anleiterform: Anleiterbereitschaft

Mit der Anleiterbereitschaft soll ein möglichst schnelles Reagieren und somit auch ein schnelles Anleitern sichergestellt werden. Hierzu wird das Hubrettungsfahrzeug abgestützt und der Hubrettungssatz, je nach Gebäudehöhe und Brandobjekt, aufgerichtet und ausgezogen. Sollte einem vorgehenden Trupp der Rückzugsweg plötzlich versperrt sein, kann dieser ohne großen Zeitaufwand sichergestellt werden, da er mittels Hubrettungsfahrzeug bereits geschaffen bzw. vorbereitet wurde.

6 Die Zeichen des Einweisers

Für die Einweisung des Fahrzeuges empfiehlt es sich, die Handzeichen der GUV-V D29 »Fahrzeuge« zu verwenden, da diese allgemein bekannt sind. Eine DIN-Norm, die explizit für die Einweisung eines Hubrettungsauslegers gilt, existiert nicht. Bei der Einweisung des Leitersatzes gibt es immer wieder Irritationen, wenn die Zeichen des Einweisers nicht zweifelsfrei zwischen den Bewegungen Aufrichten/Neigen oder Ausziehen/Einziehen unterschieden werden können. Zum Einweisen können die in diesem Kapitel beispielhaft dargestellten Zeichen verwendet werden. Diese haben den Vorteil, dass sie auch von ungeübten Personen jederzeit verstanden werden können. Wenn der Sichtkontakt zwischen dem Einweiser und den Maschinisten nicht sichergestellt werden kann, ist eine Funkverbindung sehr hilfreich.

Fahrzeug/Leitersatz drehen links/rechts
Die Zeichen für das Einweisen des Fahrzeuges und die Zeichen für die Drehbewegungen des Hubrettungssatzes können identisch sein.

Der Arm bleibt solange ausgestreckt, wie die Lenkbewegung/Drehturmbewegung erfolgen soll. Mit dem Herunterlassen des Armes wird die Bewegung gestoppt und der Lenkeinschlag oder die Drehturmposition beibehalten (Bilder 43 und 44).

Bild 43: *Einweisungszeichen »Drehen links«*

Bild 44: *Einweisungszeichen »Drehen rechts«*

Hubrettungssatz aufrichten

Der Unterarm wird waagrecht vor dem Körper gehalten. Aus dem Ellenbogen heraus wird der Unterarm wiederholt mit ausgestreckter flacher Hand nach oben bewegt. Dies bedeutet: Hubrettungssatz aufrichten (Bild 45).

Hubrettungssatz neigen

Der Unterarm wird waagrecht vor dem Körper gehalten. Aus dem Ellenbogen heraus wird der Unterarm wiederholt mit ausgestreckter flacher Hand nach unten bewegt. Dies bedeutet: Hubrettungssatz neigen (Bild 46).

Bild 45:
Einweisungszeichen »Hubrettungssatz aufrichten«

Hubrettungssatz ausziehen Mit der gestreckten flachen Hand wird vor dem Körper wiederholt eine Bewegung schräg nach oben gezeigt. Dies bedeutet: Hubrettungssatz ausziehen (Bilder 47 und 48).

Bilder 47 und 48:
Einweisungszeichen »Hubrettungssatz ausziehen«

Mit der gestreckten flachen Hand wird vor dem Körper wiederholt eine Bewegung schräg nach unten gezeigt. Dies bedeutet: Hubrettungssatz einziehen (Bilder 49 und 50).

Bilder 49 und 50:
Einweisungszeichen »Hubrettungssatz einziehen«

7 Einweisestrategien

Grundsätzlich wird zur Standortbestimmung immer die Drehkranzmitte bzw. eine der Drehkranzaußenkanten eingewiesen. Der Standort ergibt sich immer aus dem Abstand und der Längsausrichtung zum Objekt.

7.1 Die Einweisung einer Drehleiter

In der Regel werden bei der Einweisung zuerst der richtige Abstand zum Anleiter-Objekt und dann die Längsausrichtung eingewiesen. Hat der Einweiser den Abstand zum Anleiter-Objekt festgelegt, lässt er das Hubrettungsfahrzeug mittig (dies ist gleichzeitig auch die Drehkranzmitte) auf sich zu fahren. Handelt es sich hierbei um ein eingespieltes Team, so weiß der Maschinist ohne weitere Absprachen: Standplatz des Einweisers = Fahrzeugmitte (Bild 51). Als zweites wird die Längsausrichtung des Fahrzeugs (Drehkranzmitte) zum Anleiter-Objekt eingewiesen, indem sich der Einweiser einige Schritte vom Objekt entfernt und das Fahrzeug zwischen seinem Standort und dem Anleiter-Objekt an sich vorbei fahren lässt. Je weiter er sich dabei vom Fahrzeug entfernt, umso leichter lässt sich die Peilung über die Drehkranzmitte zum Anleiterziel aufnehmen. Hat das Fahrzeug die richtige Längsausrichtung zum Anleiter-Objekt erreicht, lässt der Einweiser das Fahrzeug anhalten (Bild 52). Der Maschinist sollte hierbei langsam fahren, um auf die Zeichen des Einweisers im richtigen Augenblick reagieren zu können.

Bild 51:
Der Einweiser lässt das Fahrzeug mittig auf sich zu fahren.

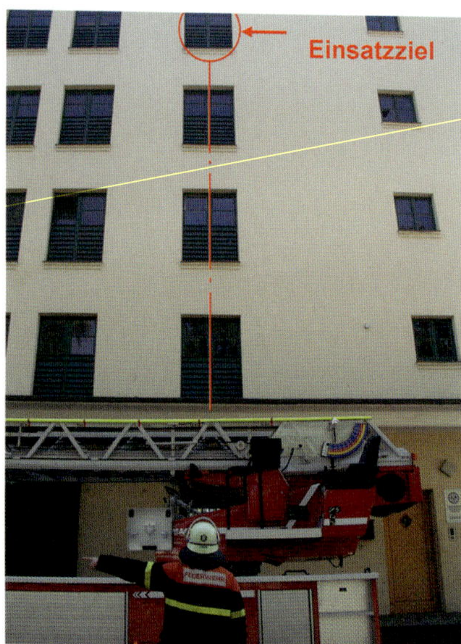

Bild 52:
Das Fahrzeug fährt zwischen dem Einweiserstandort und dem Anleiter-Objekt durch.

Merke:

Nicht mit dem Hubrettungsfahrzeug direkt »vorfahren«, sondern mit einigem Abstand vor dem Anleiter-Objekt anhalten. Der Einweiser geht nun zum Objekt vor, um die Standortbestimmung vornehmen zu können. Erst jetzt lässt er das Hubrettungsfahrzeug zur Einweisung aufschließen. Sollte das Hubrettungsfahrzeug bereits vorher bis vor das Objekt gefahren sein, lässt sich die Einweisung ohne zeitraubendes Rangieren kaum durchführen.

Wichtig ist außerdem, dass die zuerst eintreffenden Fahrzeuge für den Einsatz des Hubrettungsfahrzeuges einen Freiraum lassen und nicht direkt vor der Einsatzstelle zum Stehen kommen. In engen Straßen, in denen der Leitersatz zur Montage von Sonderausrüstung (Wasserwerfer, Krankentragenlagerung etc.) nicht seitlich abgelegt werden kann, sollte von den nachfolgenden Fahrzeugen ein Freiraum hinter dem Hubrettungsfahrzeug (ca. 10 m) eingehalten werden.

7.2 Längsausrichtung mittels Drehkranzaußenkante

Soll mit dem Hubrettungssatz seitlich an einem Objekt (Schornstein, Hauswand etc.) vorbeigefahren werden, so ist nicht die Drehkranzmitte, sondern jeweils die Drehkranzaußenkante für die Einweisung maßgeblich. Das Fahrzeug wird ca. 0,5 m vor der eigentlichen Peilung angehalten. Somit ist gewährleistet, dass eine Parallelstellung des Hubrettungssatzes möglich ist (Bild 53). Wichtig ist dabei die Auswahl der richtigen Drehkranzaußenkante, das kann die vordere Drehkranzaußenkante (Bild 53) oder aber auch die hintere Drehkranzaußenkannte sein (Bild 54). Im vorliegenden Beispiel (Bilder 53 und 54) soll an einer Hauswand angeleitert werden. Hierbei sollte mit der Drehkranzaußenkante ca. 0,5 m an der Peillinie vorbeigefahren werden, da sonst das Einsatzziel nicht erreicht werden kann.

Bilder 53 und 54: *Die richtige Drehkranzaußenkante ist zur Einweisung maßgeblich.*

Gleiches gilt auch für die Einweisung einer Hubarbeitsbühne. Hier wird allerdings einfachheitshalber das Fahrzeugheck als Bezugspunkt für die Peilung genommen. Das hat den Vorteil, dass beim rechtsseitigen Anleitern mit dem Hubrettungssatz, der benötigte Platzbedarf für die Notabstiegsleiter vorhanden ist (Bilder 55, 56 und 57).

Bilder 55 und 56: *Die richtige Drehkranzaußenkante ist zur Einweisung maßgeblich, dies gilt auch für die Einweisung einer HAB.*

Bild 57:
Um den Platzbedarf für die Notabstiegsleiter sicherzustellen wird das Fahrzeugheck als Bezugspunkt für die Peilung genommmen.

7.3   Einweisung über das Fahrzeugheck

Es kann durchaus von Vorteil sein, über das Heck des Fahrzeuges anzuleitern. Das Hubrettungsfahrzeug verfügt dann immer über die volle Ausladung und dies auch bei verringerter Abstützbreite! Ein weiterer Vorteil ist, dass der Drehturm näher an das Anleiter-Objekt platziert werden kann. Das Anleitern über das Heck erfordert aber immer viel Raum zum Rangieren.

Diesen Raum zu sehen und ihn zu nutzen, ist die Kunst des Einweisers! Ist der Raum zum Rangieren vorhanden, dann ist es kein Problem, das Hubrettungsfahrzeug auch zeitgerecht zu platzieren.

Bei der Einweisung über das Heck wird die bisherige Einweisungsstrategie umgekehrt: Erst wird die Längsausrichtung und dann der Abstand zum Anleiter-Objekt vom Einweiser festgelegt. Zur Festlegung der Längsausrichtung des Fahrzeuges kann die Fahrzeugmitte angenommen werden, da die Drehkranzmitte dieser entspricht. Ist die Längsausrichtung erreicht, so fährt der Maschinist nur noch rückwärts ohne zu lenken. Der Einweiser wechselt jetzt auf die Fahrzeuglängsseite und weist den richtigen Abstand zum Anleiter-Objekt ein. Auch hier ist es wichtig, dass der Einweiser stets Kontakt zum Maschinisten hält (Bilder 58 und 59).

Merke:

Der Einweiser nimmt nicht nur die Standortbestimmung vor; er weist gegebenenfalls auch die Bewegungen des Hubrettungssatzes ein!

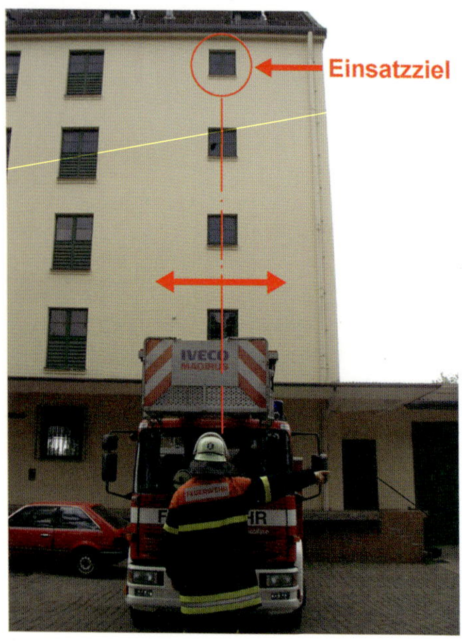

Bild 58: *Der Einweiser befindet sich vor dem Fahrzeug und lässt es rückwärtsfahren.*

Bild 59: *Beim Erreichen des richtigen Abstands zum Anleiter-Objekt hält der Einweiser das Fahrzeug an.*

8 Standortbestimmung

Wurden in den vorigen Abschnitten vor allem die verschiedenen Anleiterformen und die Einweisestrategien vorgestellt, so soll jetzt auf die Durchführung der Standortbestimmung eingegangen werden.

8.1 Überstand/versetzte Bauweise: Anleiteraufgabe

In Bild 60 ist eine Anleiteraufgabe dargestellt. Auf dem Dach befindet sich eine Person, die gerettet werden soll. Es handelt sich hierbei um ein Objekt mit Überstand oder auch versetzter Bauweise. Frage: Wie lege ich den Standort für das Hubrettungsfahrzeug fest?

Grundsätzlich gibt es drei Möglichkeiten eine Drehleiter aufzustellen:

- Der Abstand wird zu groß gewählt.
- Der Abstand wird zu klein gewählt.
- Der Abstand wird bestmöglich gewählt.

Der Abstand wird zu groß gewählt.
In Bild 61 ist der Abstand zu groß gewählt worden, die Leiterlänge bzw. die mögliche Ausladung reichen nicht aus. Das Anleiterziel wird nicht erreicht.

Bild 60:
Wie wird der richtige Standort für das Fahrzeug festgelegt?

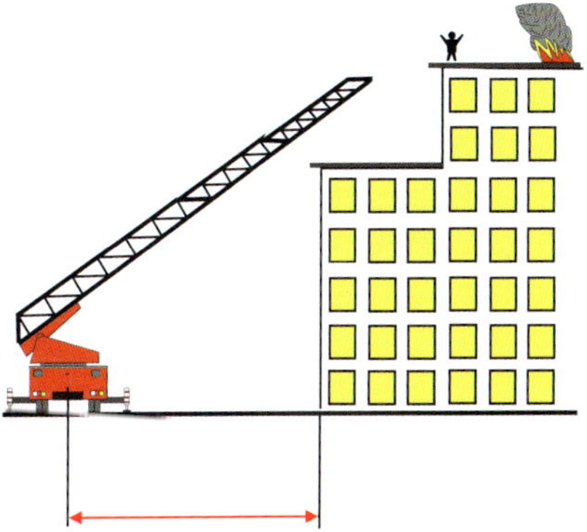

Bild 61:
Der Abstand ist zu groß gewählt: Leiterlänge bzw. Ausladung sind nicht ausreichend.

Der Abstand wird zu klein gewählt.

Der Abstand in Bild 62 ist zu gering, der Leitersatz kann nicht über den Überstand bzw. über die Dachkante hinweg bewegt werden. Das Anleiterziel wird ebenfalls nicht erreicht. Hier hätte eine Drehleiter mit Gelenkarm sicher Vorteile, aber die

Möglichkeiten sollten nicht überschätzt werden, da das schwenkbare Leiterteil bei diesen Drehleitern nur eine Länge von ca. 3,5 m besitzt. Die pauschale Anleiterformel: »Die Drehleiter ist möglichst nahe an das Objekt zu platzieren«, die man häufig in den Bedienungsanleitungen findet, ist hier nicht anwendbar!

Bild 62:
Der Abstand ist zu klein gewählt: Das Einsatzziel kann nicht erreicht werden.

Der Abstand wird bestmöglich gewählt.

Der Abstand des Hubrettungsfahrzeuges zum Anleiter-Objekt ist in Bild 63 optimal gewählt worden. Verfügt die Drehleiter jetzt über eine ausreichende Leiterlänge bzw. Ausladung, kann das Einsatzziel erreicht werden.

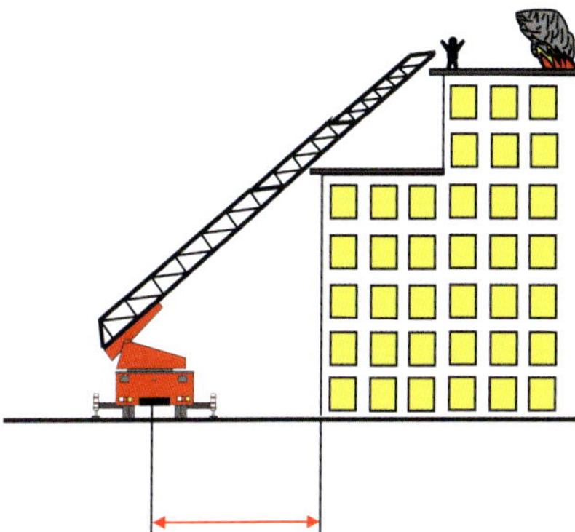

Bild 63:
Der Abstand ist optimal gewählt: Das Einsatzziel wird erreicht.

8.2 Überstand/versetzte Bauweise: die Lösung

Der bestmögliche Standort bei der in Bild 64 gezeigten Anleiteraufgabe wird folgendermaßen ermittelt: Der Einweiser (1) bewegt sich mit seiner Blickrichtung auf das Anleiter-Objekt zu. Er stellt durch Peilung eine gedachte Verbindungslinie zwischen der Dachkante (2) und dem Einsatzziel (3) her. Dann macht er 2 große Schritte in Richtung Objekt, da sich der Hubrettungssatz in einer größeren Höhe als die Augenhöhe des Einweisers befindet. Dieser Standpunkt (4) kennzeichnet den richtigen Abstand zum Anleiter-Objekt und ist gleichzeitig der Standplatz für die Drehkranzmitte (Bild 64). Die Ungenauigkeiten, die sich bei der Standortbestimmung durch unter-

schiedlich große Einweiser und unterschiedlich große Schritt-
längen ergeben, können vernachlässigt werden, da es sich
hierbei nur um Größenordnungen von etwa 30 cm handelt. Es
kommt nicht darauf an, ein Fahrzeug dieser Dimension zenti-
metergenau zu positionieren.

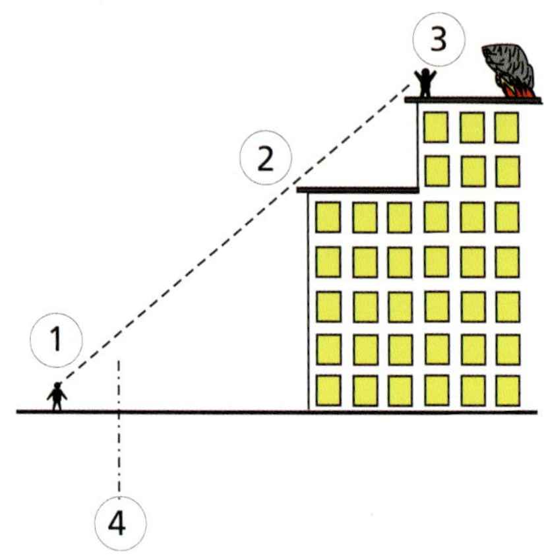

Bild 64:
Standort-
bestim-
mung bei
Überstand
bzw. ver-
setzter
Bauweise

Diese Form der Standortbestimmung kann bei vielen Anleiter-
Objekten angewandt werden, wenn zum Beispiel Dachgau-
ben, Erker, Gebäudevorsprünge oder sonstige Hindernisse den
Weg in Richtung Anleiterziel versperren (Bild 65).

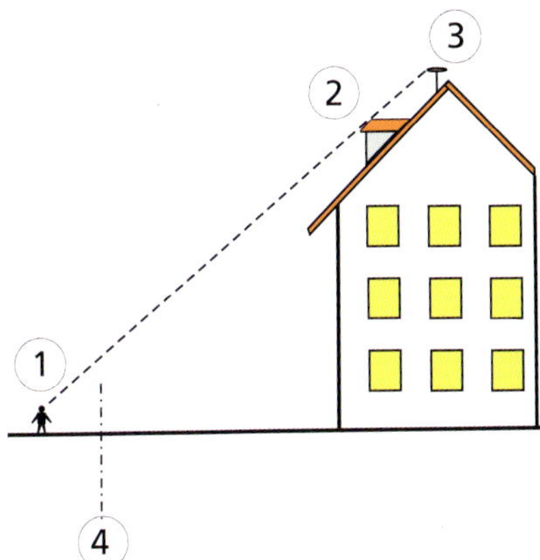

Bild 65:
Diese Art der Standortbestimmung kann auch bei Hindernissen eingesetzt werden.

8.3 Parallel zur Dachhaut: Standortbestimmung

Bei der Anleiterform »Parallel zur Dachhaut« wird wie bei der Anleiterform »Überstand/versetzte Bauweise« vorgegangen. Der Einweiser (1) bewegt sich mit seiner Blickrichtung auf das Anleiter-Objekt zu. Er stellt durch Peilung eine gedachte Verbindungslinie zwischen der Traufkante (2) und dem Dachfirst (3) her. Dann macht er auch hier 2 große Schritte in Richtung Objekt, da sich der Hubrettungssatz in einer größeren Höhe als die Augen des Einweisers befindet. Dieser Standpunkt (4) kennzeichnet den richtigen Abstand zum Anleiter-Objekt und ist gleichzeitig der Standplatz für die Drehkranzmitte (Bild 66).

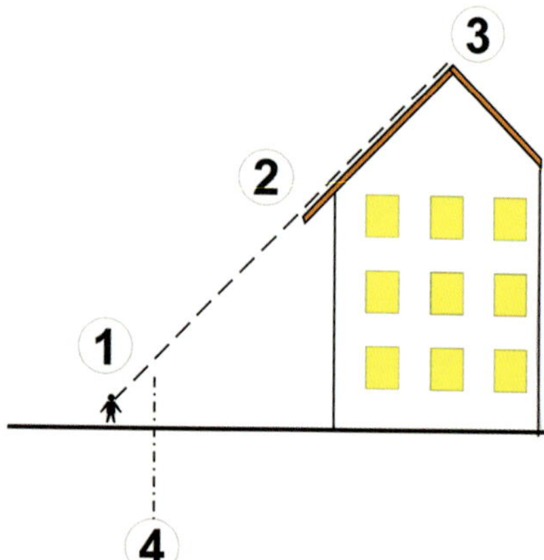

Bild 66:
*Standort-
bestim-
mung
»Hubret-
tungssatz
parallel zur
Dachhaut«*

8.4 Parallel zur Hauswand: Standortbestimmung

Bei dieser Variante, Anleiterziel ist das Fenster an der rechten Gebäudeseite (3), muss vor der Festlegung der Längsausrichtung, erst der richtige Abstand des Hubrettungsfahrzeuges festgelegt werden (Bild 67). Dieses Maß muss für jedes Hubrettungsfahrzeug individuell ermittelt werden und ergibt sich aus dem Maß der Abstützung plus dem Maß der halben Fahrzeugbreite (HAB = ca. 3,5 m/DLK = ca. 2,5 m). Dieses ist der einzuhaltende Mindestabstand, denn die Abstützungen müssen auf der belasteten Seite voll ausgefahren werden können. Der Einweiser stellt sich im richtigen Abstand zum Gebäude auf (1) und lässt das Fahrzeug mittig auf sich zu fahren.

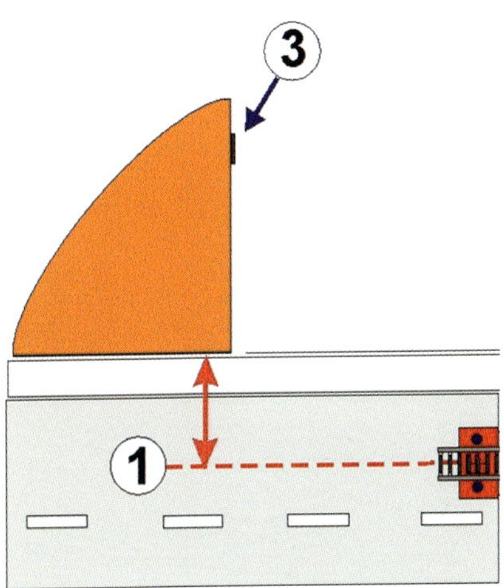

Bild 67:
Standort-bestim-mung »Hubret-tungssatz parallel zur Haus-wand«- Abstand

Um dann die Längsausrichtung des Hubrettungsfahrzeuges festzulegen, stellt sich der Einweiser (1) so auf, dass er an der Hauswand entlang peilen kann. Die Gebäudekante (2) und das Anleiterziel (3) müssen sich in einer Linie befinden (Bild 68). Dann lässt er das Hubrettungsfahrzeug zwischen seinem Standpunkt und dem Gebäude durchfahren. Befindet sich die Drehkranzaußenkante (2) ca. 0,5 m vor der Gebäudekante (3) lässt er das Fahrzeug anhalten. Dieser halbe Meter sollte zur Sicherheit immer eingehalten werden, da sonst die Korbbreite bei einer HAB oder die Scheinwerfer-/Rundumkennleuchten an der Unterleiter einer Drehleiter eine Parallelstellung nicht zulassen. Wichtig ist es hierbei, die richtige Drehkranzaußenkante zu wählen (siehe hierzu auch Bild 53–56). Ob zuerst die Längsausrichtung oder der Abstand zum Anleiter-Objekt eingewiesen wird, ist davon abhängig, ob das Anleitern im rechten Winkel oder über das Heck des Fahrzeuges erfolgt.

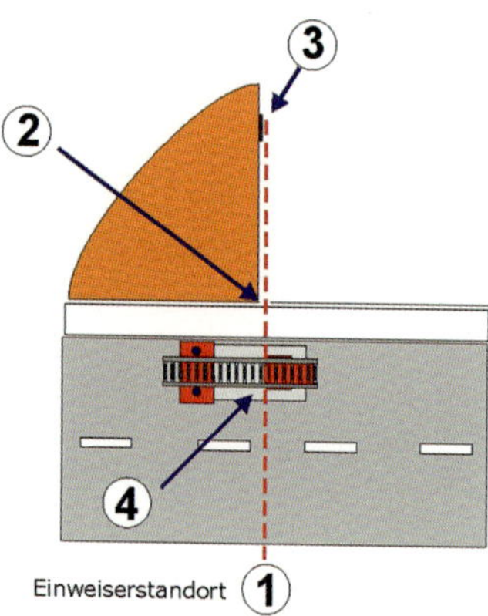

Bild 68: *Standortbestimmung »Hubrettungssatz parallel zur Hauswand«-Längsausrichtung*

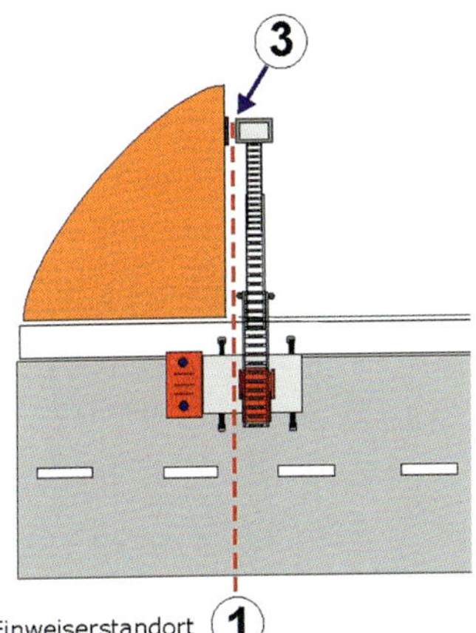

Bild 69: *»Hubrettungssatz parallel zur Hauswand«*

8.5 Größtmögliche Rettungshöhe: Standortbestimmung

Auch hier gibt es drei Möglichkeiten ein Hubrettungsfahrzeug aufzustellen:

- Der Abstand wird zu groß gewählt.
- Der Abstand wird zu klein gewählt.
- Der Abstand wird bestmöglich gewählt.

Drehleitern:

In Bild 70 ist der Abstand zum Anleiter-Objekt zu groß gewählt worden, die Leiterlänge bzw. die mögliche Ausladung reicht nicht aus. Die maximale Rettungshöhe wird nicht erreicht.

Bild 70: *Der Abstand zum Objekt ist zu groß gewählt, da der Leitersatz geneigt werden muss.*

Der Abstand zum Anleiter-Objekt in Bild 71 ist zu gering, da der Leitersatz nur bis maximal 75° aufgerichtet werden kann. Die Drehleiter kann nicht weiter aufgerichtet und ausgefahren werden. Die maximale Rettungshöhe wird auch hier nicht erreicht!

Bild 71: *Der Abstand zum Objekt ist zu gering gewählt, da der maximale Aufrichtwinkel begrenzt ist.*

Der Abstand der Drehleiter zum Anleiterobjekt ist in Bild 72 bestmöglich gewählt worden. Die Drehleiter kann voll aufgerichtet und auch voll ausgezogen werden. Die maximale Rettungshöhe wird somit erreicht!

Es lässt sich kein für alle Drehleiterausführungen gleichermaßen geltender Abstandswert nennen, da diese sehr unterschiedlich sein können. Der richtige Abstand zum Objekt kann aber individuell bei jeder Drehleiter durch die Nutzung des Gradbogens ermittelt werden. Dem am Gradbogen abgelesenen Ausladungswert, bei maximaler Rettungshöhe und größtem Aufrichtwinkel, sind das Maß der Abstützung und das Maß der halben Fahrzeugbreite hinzu zu addieren. Das errechnete Maß gilt dann als Abstandsmaß für das vorhandene Hubrettungsfahrzeug.

Bild 72: *Der Abstand ist bestmöglich gewählt, da der Leitersatz ganz aufgerichtet und ausgezogen werden kann.*

Hubarbeitsbühnen:

Bei Hubarbeitsbühnen wird mit dem Hauptarm ein größerer Aufrichtwinkel erreicht, sodass eine größere Annäherung an das Objekt möglich ist. Das Abstandsmaß bei Hubarbeitsbühnen beträgt in der Regel 6 m bis zur Drehkranzmitte. Der Korbarm lässt sich bei Hubarbeitsbühnen nicht immer ganz aufrecht stellen, sodass dieser Mindestabstand erforderlich ist. Bei Hubarbeitsbühnen der 40- und 50-m-Klasse sind diese Maße individuell zu ermitteln.

8.6   Geringe Rettungshöhe: Standortbestimmung

Drehleitern:

Bei geringen Rettungshöhen muss der vollständig eingezogene Leitersatz auch bei einem Aufrichtwinkel von 0° zum Anleiter-Objekt gedreht werden können, sonst kann das Anleiterziel nicht erreicht werden. Der Mindestabstand, der einzuhalten ist, beträgt für alle Drehleitern mit oder ohne Korb 10 m. Dieser Wert hat sich in der Praxis bewährt, denn er ist

Bild 73: *Bei geringen Rettungshöhen ist immer ein Mindestabstand einzuhalten.*

nicht nur einprägsam, sondern lässt auch Ungenauigkeiten bei der Standortbestimmung zu. Sollte der Einweiser irrtümlich 9 m oder 11 m abgeschritten haben, treten trotzdem keine Probleme beim Anleitern auf, da Drehleitern über diese Reichweiten verfügen (Bild 73).

Hubarbeitsbühnen:

Bei geringen Rettungshöhen muss aufgrund der besonderen Kinematik einer HAB, ein Mindestabstand von 6 m eingehalten werden. Das Ziel sollte mit dem Ausfahren des Hauptarmes erreicht werden und möglichst nicht mit einer Bewegung des Gelenk-/Korbarmes. Ist der Abstand zu gering gewählt, be-

Bild 74: *Bei geringen Rettungshöhen ist immer ein Mindestabstand einzuhalten.*

steht die Gefahr, dass sich der Korb bei ganz eingefahrenem Hauptarm in einer zu großen Höhe befindet. Dieses gilt besonders für Teleskopmastbühnen jenseits der 30-m-Klasse. Wir empfehlen hier einen Mindestabstand von ca. 10 m einzuhalten.

8.7 Einweisung durch Öffnungen: Standortbestimmung

Beim Einsatz eines Hubrettungsfahrzeuges durch Öffnungen (Tore, Hallen usw.) gilt die gleiche Standortbestimmung wie bei niedrigen Rettungshöhen. Der vollständig eingezogene Leitersatz muss auch bei einem Aufrichtwinkel von 0° zum Anleiter-Objekt gedreht werden können, sonst kann das Ziel nicht erreicht werden (Bilder 75 und 76).

Bild 75: *Der Abstand ist richtig gewählt, wenn der ganz eingezogene Leitersatz zum Objekt gedreht werden kann.*

Bild 76: *Der Leitersatz dient innerhalb der Halle als Festpunkt für den Einsatz eines Auf- und Abseilgerätes, um eine Person aus einem Schacht retten zu können.*

8.8 Löschmittelabgabe über Hubrettungsfahrzeuge: Standortbestimmung

Bei der Löschmittelabgabe sollte sich der Hubrettungssatz im Winkel von 90° zur Fahrzeuglängsachse oder über dem Heck des Fahrzeuges befinden (Bild 77). Eine Löschmittelabgabe über das Fahrerhaus vereinfacht zwar die Schlauchführung, birgt aber eine ganze Reihe von Nachteilen. Über das Heck bzw. über die Fahrzeuglängsseite kann der Trümmerschatten leichter eingehalten werden, sodass herabstürzende Teile das Fahrzeug nicht gefährden. Bei den Hubrettungsfahrzeugen handelt es sich in der Regel um handelsübliche Fahrgestelle, die keinerlei Schutz vor Hitzestrahlung aufweisen. Dieses gilt auch für den vorderen Bereich der Fahrgestelle mit dem Antriebsmotor mit seinen Kraftstoffleitungen, den Brems- und Elektroleitungen, die durch thermische Einwirkungen zu einem Totalausfall des Fahrzeuges führen können. Das Fahrerhaus stellt somit auch kein Anstoßhindernis dar und die Drehturmannäherung ist am größten (Ausladungsgewinn ca. 7 m). Ein plötzlich erforderlicher Rückzug ist wesentlich leichter und schneller darstellbar. Die Hersteller schreiben hier einen Aufrichtwinkel von maximal 70° vor, sodass ein Abknicken des Druckschlauches vermieden wird.

Eine Schlauchführung bzw. eine Schlauchaufsicht ist immer zwingend erforderlich, um Schäden zu vermeiden.

Bild 77: *Brandbekämpfung über das Heck des Fahrzeuges*

8.9 Besonderheiten bei Hubrettungsfahrzeugen mit Gelenk

Hubrettungsfahrzeuge mit einem Gelenk (Drehleiter) oder mit einem Korbarm (HAB) bieten erweiterte Einsatzmöglichkeiten, da im Gegensatz zu herkömmlichen Drehleitern Hindernisse hinter- bzw. überfahren werden können. Der Einsatz eines Gelenkarmes erlaubt auch eine größere Annäherung mit dem Fahrzeug an ein Objekt. Es sind hierbei aber immer die herstellerbedingten kinematischen Grenzen der Gelenk-/Korbarme zu beachten. Weitere Vorteile ergeben sich auch in engen Straßenzügen einer Altstadt und im Unterflurbereich.

Hubarbeitsbühnen:

Der Hubrettungsausleger sollte wenn möglich immer erst »gestreckt« werden. Das heißt der Korbarm und der Hauptarm bilden eine Linie. Die Bewegungen sind schneller und einfacher zu koordinieren und Schäden am Hauptarm werden somit vermieden, da das Hauptaugenmerk des Maschinisten oft nur dem Korb gilt. Ein sehr schwieriger und gefährlicher Überstieg für absteigende Personen über das Gelenkteil entfällt somit ebenfalls.

Drehleiter mit Gelenk:

Eine Drehleiter mit Gelenkteil sollte aus den gleichen Gründen so lange wie möglich »gestreckt« bleiben. Das Gelenkteil sollte nur eingesetzt werden, wenn dieses einen Vorteil bringt.

Einsatz des Gelenk-/Korbarmes – erweiterte Peilung:

Ist der durch Peilung ermittelte Abstand offensichtlich zu groß, besteht die Möglichkeit das Anleiterziel mit dem Gelenk-/Korbarm zu erreichen. Hierzu ist es erforderlich, genau zu wissen, wie lang der Korbarm tatsächlich ist. Zu den 2 Schritten nach Aufnahme der Peilung wird das Maß des Korbarmes in Richtung des Objekts zusätzlich abgeschritten (Bild 78). Dieser Punkt markiert dann die Drehkranzmitte. Diese Form der Annäherung lässt sich im Bereich der maximalen Rettungshöhe nicht umsetzten, da der Einsatz des Korbarmes die Erreichung der maximalen Werte unmöglich macht. Um die bei der erweiterten Peilung maximal erreichbaren Arbeits- und Rettungshöhe zu ermitteln, wird als Faustformel die tatsächliche Korbarmlänge von der maximalen Ausfahrlänge des Hubrettungsauslegers abgezogen. Sollen Objekte über- oder hinterfahren werden, so darf die Erweiterte Peilung nicht angewandt werden.

Ist der durch beide Möglichkeiten der Peilung ermittelte Abstand offensichtlich immer noch zu groß, oder befindet

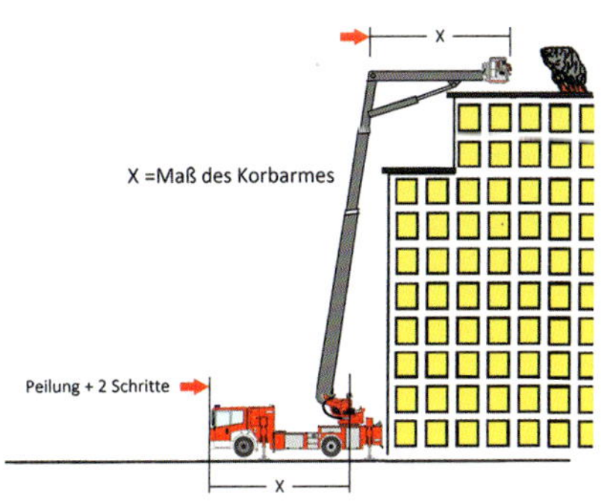

Bild 78:
Erweiterte Peilung mit Einsatz des Gelenk-/Korbarms

sich der markierte Punkt schon innerhalb des Objektes/Gebäudes, so wird der Drehturm so dicht wie möglich an das Objekt bzw. Gebäude gefahren. Ein Mindestabstand von ca. 3 bis 4 m ist, je nach Bauausführung des Hubrettungsfahrzeuges, mit der Drehkranzmitte einzuhalten (Bilder 79 und 79).

Bilder 79 und 80: *Durch den Einsatz eines Gelenkarmes kann die maximale Rettungshöhe nicht mehr erreicht werden.*

Nutzlasterhöhung durch den Einsatz des Korbarmes:
In Bild 81 wird das Fenster nur noch im 1-Mann-(90 kg-)
Benutzungsfeld erreicht. Wird bei gleichem Abstand des
Drehturmes der Hauptarm bzw. der Leitersatz steiler gestellt
und der Korbarm bzw. das Gelenk in eine waagerechte
Position gebracht, so kann unter Umständen das gleiche
Fenster im 2-Mann-(180 kg-) oder sogar 3-Mann-(270 kg-)
Benutzungsfeld erreicht werden. Der dadurch wesentlich grö-

ßere Aufrichtwinkel des Hauptarmes lässt diese Nutzlasterhöhung zu (vgl. Bilder 81 und 82).

Bilder 81 und 82: *Durch den größeren Aufrichtwinkel und die Waagrechtstellung des Korbarms kann die noch mögliche Nutzlast verdoppelt oder sogar verdreifacht werden.*

9 Einsatzmöglichkeiten in Unterflurbereichen

Bei modernen Hubrettungsfahrzeugen ist es möglich, den Leitersatz auch im Unterflurbereich einzusetzen. Dieser Bereich wird oft auch mit »unter Niveau« bezeichnet und kennzeichnet eigentlich einen negativen Aufrichtwinkel. Das Benutzungsfeld oder auch die Einsatzfläche wird durch den maximalen negativen Aufrichtwinkel des Hubrettungsfahrzeuges oder eine eventuell vorhandene Geländekante begrenzt. Der maximale negative Aufrichtwinkel kann je nach Hersteller und Ausführung des vorhandenen Hubrettungsfahrzeugs unterschiedlich groß sein. Eine vorhandene Kraneinrichtung, aber auch Abstützungen, können diesen Bereich einschränken. In der Regel beträgt der negative Aufrichtwinkel bei Drehleitern maximal -15°. Beim Einsatz an einer Geländekante (diese kann auch ein Brückengeländer sein) ergeben sich immer tote Winkel, also Bereiche, die nicht erreicht werden können (Bild 83).

Im Normalbetrieb ist die Einzugs- oder Aufrichtbewegung eine entlastende Bewegung. Im Unterflurbereich kann bei Drehleitern eine entlastende Bewegung nur durch das Einziehen des Leitersatzes erreicht werden. Bei Hubarbeitsbühnen zusätzlich auch das Heranziehen des Korbarmes an den Hauptarm. Das Aufrichten des Hubrettungssatzes stellt eine Zunahme des Lastmomentes dar.

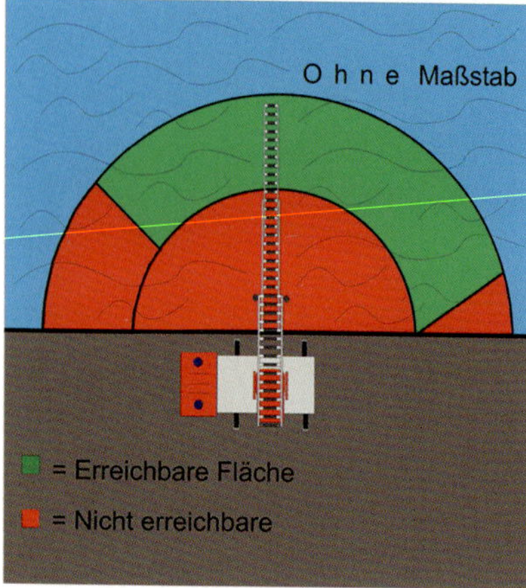

Bild 83:
Benutzungsfeld einer Drehleiter im Unterflurbereich

9.1 Vergrößerung des negativen Aufrichtwinkels

Bei Drehleitern der Firma Rosenbauer/Metz ist es möglich, durch das Unterbauen der Abstützungen mit Unterlegklötzen in Verbindung mit der Steuerungssoftware den negativen Aufrichtwinkel um bis zu 7° zu vergrößern (Bild 84). Das gesamte Fahrgestell wird hierbei in eine Schräglage gebracht. Dies darf aber nur auf einer waagrechten Standfläche durchgeführt werden, da sonst die Gefahr des Abrutschens besteht. Bei Drehleitern der Firma Magirus ist aufgrund der Abstützkonstruktion eine derartige Schrägstellung nicht möglich.

Bild 84: *Unterbauen der Abstützung zur Schrägstellung des Fahrzeugs*

9.2 Standortbestimmung im Unterflurbereich

Bevor der Standort für das Hubrettungsfahrzeug festgelegt wird, stellt sich die Frage, was mit dem Hubrettungsfahrzeug erreicht werden soll? Befindet sich das Anleiterziel im Nahbereich der Geländekante oder wird die maximale Ausladung benötigt?

Drehleitern

Je kleiner der Abstand der Drehkranzmitte zur Geländekante ist, umso größer wird der Bereich des toten Winkels im Nahbereich (Bilder 85 und 86). Wird eine möglichst große Ausladung benötigt, so sollte der Standpunkt auch möglichst dicht an der Geländekante gewählt werden. Hierbei ist gegebenenfalls der Böschungswinkel zu beachten (siehe auch Abschnitt 2.8.4).

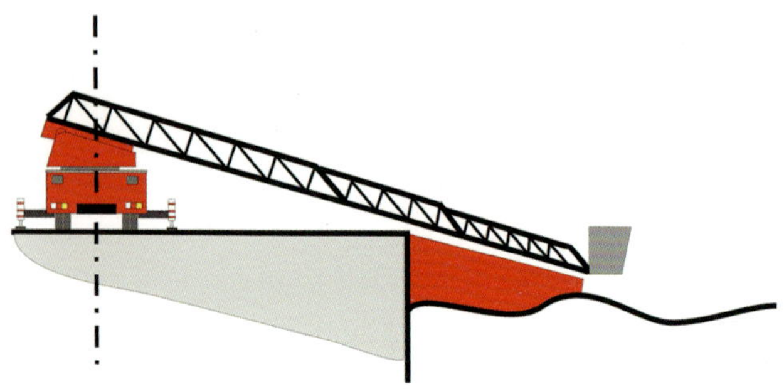

Bild 85: *Je größer der Abstand des Drehturmes zur Geländekante ist, desto kleiner ist die Fläche, die im Nahbereich nicht erreicht werden kann (rot markierte Fläche).*

Der Abstand der Drehkranzmitte zur vorhandenen Geländekante darf nicht zu groß sein, da sonst der maximale Neigungswinkel nicht erreicht wird. Ein Abstand von maximal 8 m ist einzuhalten. Wird der Abstand der Drehleiter zur Geländekante zu groß (> 8 m) gewählt, so muss der Leitersatz wieder

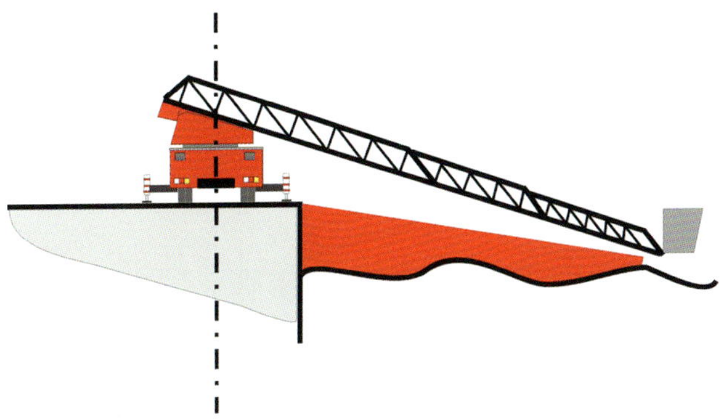

Bild 86: *Je kleiner der Abstand des Drehturmes zur Geländekante ist, desto größer ist die Fläche, die im Nahbereich nicht erreicht werden kann (rot markierte Fläche).*

aufgerichtet werden, um über die Geländekante hinweg zu gelangen! Der maximale negative Aufrichtwinkel wird somit nicht mehr erreicht. Die Winde einer eventuell vorhandenen Kraneinrichtung kann hier ein zusätzliches Hindernis darstellen und die Größe des negativen Aufrichtwinkels einschränken (Bilder 87 und 88).

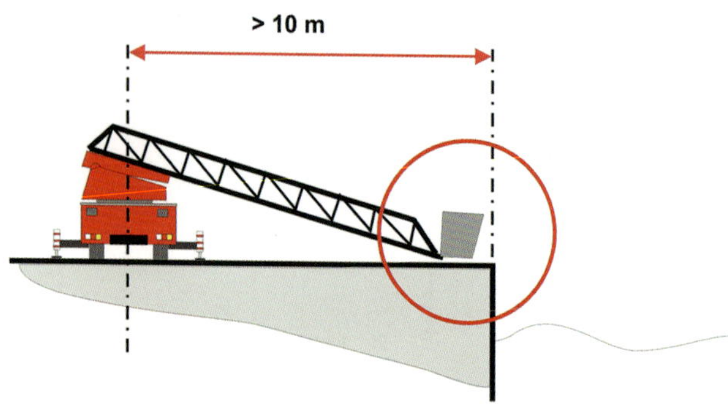

Bild 87: *Der Abstand ist zu groß gewählt: Der Leitersatz muss aufgerichtet werden, um über die Geländekante zu gelangen.*

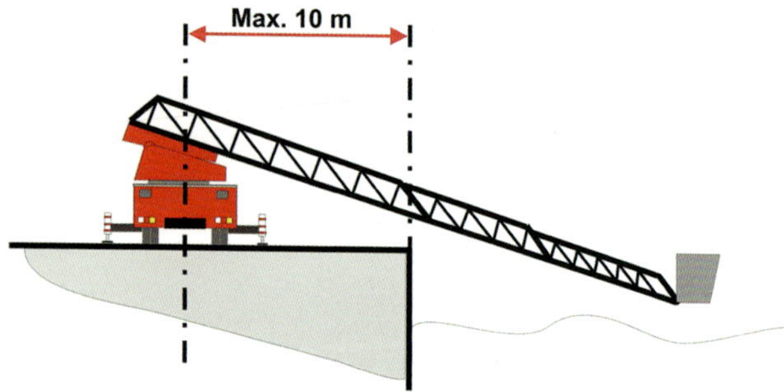

Bild 88: *Der Abstand zur Geländekante sollte möglichst nicht mehr als 8 m betragen.*

Eine Drehleiter mit Gelenkteil verfügt über ein erweitertes Benutzungsfeld, sodass auch der Nahbereich besser erreicht werden kann (Bild 89).

Bild 89: *Erweitertes Benutzungsfeld im Unterflurbereich*

Hubarbeitsbühnen

Das Fahrgestell einer Hubarbeitsbühne kann konstruktionsbedingt nicht schräg gestellt werden und der Hauptarm lässt sich in der Regel auch nicht unter einem Aufrichtwinkel von 0° absenken. Unterflurbereiche werden nur in Abhängigkeit zur Länge des Korbarmes erreicht (Bild 90).

Bild 90: *Die Korbarmlänge bestimmt den erreichbaren Höhen-unterschied.*

10 Einsatzmöglichkeiten bei Längs-/Querneigung

Hubrettungsfahrzeuge müssen gemäß den Normen DIN EN 14043, DIN EN 14044 und DIN EN 1777 einen Längs- bzw. Querneigungswinkel von mindestens 7° (ca. 12,3 %) automatisch ausgleichen können. Drehleitern verfügen über eine Geländeausgleichseinrichtung, die den Korbboden bzw. die Sprossen immer waagerecht stellt. Dieses kann über die Verschwenkung des Leitersatzes auf der Lafette oder des gesamten Drehturmes erfolgen. Hubarbeitsbühnen haben keine Geländeausgleichseinrichtung. Hier erfolgt der Geländeausgleich über die Stützen. Hubarbeitsbühnen können nur einen maximalen Längsneigungswinkel von 7° und einen maximalen Querneigungswinkel von 11° ausgleichen.

Drehleitern Moderne Drehleitern verfügen über Geländeausgleichseinrichtungen, die schon bis zu 10° ausgleichen können. Dies bedeutet aber nicht, dass der Leiterbetrieb grundsätzlich bei einem Längs- bzw. Querneigungswinkel von mehr als 7° bzw. 10° einzustellen ist. Schaltet die Drehbewegung bei einem Querneigungswinkel von mehr als 7° bzw. 10° ab, so liegt dies in der Regel daran, dass der Leitersatz ausgezogen oder mit einem zu großen Aufrichtwinkel aufgerichtet wurde. Damit soll verhindert werden, dass der Leitersatz mit einer Drehbewegung in einen unzulässigen Aufrichtwinkel (> 75°) gelangen kann. Beachtet man diese beiden Dinge, so kann durchaus über einen gesperrten Bereich hinweg gedreht werden.

Das Fahrzeug sollte auf einer Standfläche mit einer Längsneigung von mehr als 7° möglichst bergauf und mit einem Winkel von 45° gegen die Steigung platziert werden. Auf diese Art erreicht man das größtmögliche Benutzungsfeld. Zur Sicherheit sollten Radkeile hinter die Räder der Hinterachse gelegt werden. Bei Drehleitern der Fa. Rosenbauer/Metz müssen die Radkeile aufgrund der ausgehobenen Hinterachse hinter die Vorderräder gelegt werden. Auf einem geneigten Standplatz dürfen zum Längs-/Querneigungsausgleich keine Klötze unter die Abstützungen gelegt werden. Obwohl dies in älteren Bedienungsanleitungen eines Herstellers empfohlen wird, so wird diese Praxis bei modernen Drehleitern desselben Herstellers explizit verboten.

Auf einem vereisten Standplatz können, wenn vorhanden, so genannte »Eisschuhe« unter die Abstützungen gelegt werden (Bild 91). Die Standfläche darf jedoch keine Längs- oder Querneigung aufweisen, da sonst die Verwendung ausdrücklich untersagt wird. In den Wintermonaten empfiehlt es sich, Sand mitzuführen, damit dieser bei Bedarf unter die Abstützungen gestreut werden kann. Bei Drehleitern der Fa. Rosenbauer/Metz ist zu beachten, dass auf einer quer zur Fahrzeuglängsachse geneigten Standfläche die sonst übliche Mindestabstützbreite auf der hangabwärts gerichteten Seite nicht ausreichend sein könnte. Die erforderliche Mindestabstützbreite kann sich somit in Abhängigkeit vom Querneigungswinkel vergrößern. Werden auf der hangabwärts gerichteten Seite die Abstützungen grundsätzlich immer maximal ausgefahren, kann diese Problematik vermieden werden.

Bild 91: *Eisschuhe können unter die Abstützteller geschoben werden.*

Hubarbeitsbühnen

Auf Standflächen, die mehr als 3° geneigt sind, ist das Fahrzeug zwingend hangabwärts zu positionieren, da die Gefahr des Abrutschens des gesamten Fahrzeuges besteht! Auch die Länge der Stützbalken wäre hangaufwärts positioniert nicht ausreichend, um die Vorderachse vom Boden abzuheben (Bild 92). Die Vorderachse muss immer vom Boden abgehoben haben, da sich sonst das Benutzungsfeld verkleinert und die Hubarbeitsbühne nur noch in einem eingeschränkten Modus betrieben werden kann.

Bild 92: *Fahrzeug hangabwärts positioniert*

11 Wissenswertes aus dem Baurecht

In der Bundesrepublik Deutschland liegt das Bauordnungsrecht in der Verantwortung der Länder und ist in den jeweiligen Länderbauordnungen festgeschrieben. Diese orientieren sich in der Regel an der so genannten Musterbauordnung. In diesem Heft soll nur auf die wichtigsten Gesetze, Verordnungen und Normen, die für den Hubrettungseinsatz von Bedeutung sind, eingegangen werden.

11.1 Der zweite Rettungsweg

Aus dem Baurecht geht hervor, dass für Nutzungseinheiten mit Aufenthaltsräumen ein zweiter Rettungsweg vorgeschrieben ist. Dieser zweite Rettungsweg kann durch einen vom ersten Rettungsweg völlig unabhängigen, begehbaren und baulichen Rettungsweg gewährleistet sein. Dies ist aber eher die Ausnahme. Am häufigsten wird der zweite Rettungsweg über Leitern der Feuerwehr sichergestellt. Es kann sich hierbei um tragbare Leitern, aber auch um Drehleitern bzw. andere Hubrettungsfahrzeuge handeln.

11.2 Hochhausgrenze

Befindet sich in einem Gebäude ein Aufenthaltsraum mit einer Fußbodenhöhe von mehr als 22 m über der festgelegten Geländeoberfläche, so handelt es sich um ein Hochhaus. Für Hochhäuser gelten erhöhte Anforderungen an die Rettungswege, da genormte Hubrettungsfahrzeuge einen zweiten Rettungsweg nicht mehr sicherstellen können. Hieraus ist die Begründung für die Nennrettungshöhe von 23 m, die wir aus der Norm für Hubrettungsfahrzeuge kennen, abzuleiten.

11.3 Genormte bauliche Einrichtungen

Aus dem Baurecht kennen wir folgende bauliche Einrichtungen für die Feuerwehr:

- Feuerwehrzufahrten,
- Aufstellflächen,
- Bewegungsflächen.

Die genannten Einrichtungen sind sozusagen bauliche Vorbereitungen, die bereits im Vorwege getroffen wurden, um die Arbeit der Feuerwehr zu erleichtern oder sogar erst zu ermöglichen.

11.3.1 Feuerwehrzufahrten

Feuerwehrzufahrten sind befestigte Flächen auf Grundstücken, die mit öffentlichen Verkehrsflächen direkt in Verbindung stehen. Sie können auch überbaut sein (Durchfahrten) und dienen zum Erreichen von Aufstell- und Bewegungsflächen. Feuerwehrzufahrten müssen von öffentlichen Verkehrswegen aus deutlich erkennbar sein und sind mit einem Hinweisschild zu kennzeichnen (Bild 93). Der Verlauf der Feuerwehrzufahrten muss auch bei Dunkelheit und im Winter durch deutlich sichtbare Randbegrenzungen erkennbar sein (Bild 94). Steigungen und Gefälle dürfen 10 % nicht überschreiten; Stufen, Bordsteine usw. dürfen nicht höher als 8 cm sein. Feuerwehrzufahrten müssen mindestens 3 m breit sein und eine Durchfahrtshöhe von mindestens 3,5 m aufweisen.

Bild 93: *Beispiel für die Kennzeichnung einer Feuerwehrzufahrt*

Sie können auch als Fahrspuren ausgeführt sein. In Kurven ist die Feuerwehrzufahrt den erforderlichen Breiten des Wendekreisdurchmessers von Großfahrzeugen anzupassen.

Bild 94: *Beispiel für die Ausführung von deutlich sichtbaren Randbegrenzungen*

11.4 Aufstellflächen

Aufstellflächen sind nicht überbaute befestigte Flächen auf dem Grundstück, die mit der öffentlichen Verkehrsfläche direkt oder über Feuerwehrzufahrten in Verbindung stehen. Sie dienen dem Einsatz von Feuerwehr- und Hubrettungsfahrzeugen. Sie sind so anzuordnen, dass alle zum Retten von Personen notwendigen Fenster der Wohnungen und Arbeitsstätten mit den bei der Feuerwehr verwendeten Hubrettungsfahrzeugen erreicht werden können. Außerdem sind sie so zu befestigen, dass sie einem Auflagedruck (Bodendruck) von mindestens 80 N/cm^2 standhalten (Bild 95). Für Hubrettungsfahrzeuge müssen sie in einer Ebene liegen und dürfen in keiner Richtung mehr als 3° (5 %) geneigt sein. Die Aufstellflächen müssen einen Mindestabstand von 3 m und einen Maximalabstand von 9 m zum Gebäude haben. Die Breite muss mindestens 3,5 m betragen. Auf der dem Gebäude abgewandten Seite muss außer der Aufstellfläche ein mindestens 2 m breiter, hindernisfreier Geländestreifen vorhanden sein.

Bild 95: *Beispiel für die Befestigung einer Feuerwehrauf-
stellfläche*

11.5 Bewegungsflächen

Bewegungsflächen sind befestigte Flächen auf Grundstücken, die mit öffentlichen Verkehrsflächen direkt oder über Feuerwehrzufahrten in Verbindung stehen. Sie dienen zur Aufstellung von Feuerwehrfahrzeugen, der Entnahme und Bereitstellung von Geräten sowie der Entwicklung von Rettungs- und Löscheinsätzen. Bewegungsflächen können auch gleichzeitig Aufstellflächen sein.

12 Erweiterte Einsatzmöglichkeiten von Hubrettungsfahrzeugen

Es ist wichtig, dass nicht nur die Maschinisten, sondern auch die Führungsebenen bis hin zum Einsatzleiter über die Möglichkeiten und Einsatzgrenzen eines Hubrettungsfahrzeuges informiert sind. Hierzu gehören auch Einsatzmöglichkeiten, die auf den ersten Blick nicht unbedingt einem Hubrettungsfahrzeug zugeschrieben werden.

12.1 Eisenbahn-, Bus- und Verkehrsunfälle

Bei Eisenbahnunfällen, bei denen Höhenunterschiede zu überwinden sind, weil sich möglicherweise die Schienenfahrzeuge aufgefaltet haben und in die Höhe ragen, lässt sich der Rettungskorb eines Hubrettungsfahrzeuges sehr gut auch als Zugangsmöglichkeit und Arbeitsplattform nutzen. Gleiches gilt bei Unfällen mit mehrstöckigen Bussen oder Fahrzeugen, die sich nicht mehr auf der Höhe des Straßenniveaus befinden. Ein Hubrettungsfahrzeug kann in Verbindung mit der Krankentragenlagerung aber auch an Böschungen, Steigungen, Dämmen und über Gräben und Bachläufe hinweg zum Einsatz kommen. Der Einsatz von hydraulischen Rettungsgeräten über den Hubrettungssatz sollte aber geübt werden, um die Platzierung der Geräte bereits im Vorfeld festlegen zu können. Bei den Feuerwehren sind die verschiedensten Rettungsgeräte anzutreffen, sodass das Gerätemanagement immer auch dem vorhandenen technischen Gerät anzupassen ist.

12.2 Wasser-/Eisrettung

Auch eine Wasser- oder Eisrettung ist mit einem Hubrettungsfahrzeug denkbar. Hierzu ist jedoch eine für Hubrettungsfahrzeuge geeignete Zufahrtsmöglichkeit an das Gewässer erforderlich. Die Entfernung der zu rettenden Person vom Ufer darf nicht größer als die mögliche Ausladung des Hubrettungsfahrzeuges sein. Das Auflegen ist nicht möglich, somit kann das Auflagefeld bei Drehleitern nicht genutzt werden. Gegebenenfalls mit leerem Korb anfahren. Bei der Rettung mit einem Rettungskorb ist zu beachten, dass der Korb durch die Gewichtszunahme nicht in das Gewässer eintaucht, da die elektrischen Leitungen und Schalter maximal spritzwassergeschützt sind.

Achtung:

Strömung und Treibgut können eine Gefahr für den Hubrettungssatz darstellen!

Die kleine ausklappbare Leiter am Drehleiterkorb (siehe auch Bild 96) oder die Arbeitsplattform bei einer HAB sind schon vorher auszuklappen; eine Person kann sich so daran festhalten. Ob eine unterkühlte und erschöpfte Person ohne fremde Hilfe noch in den Korb steigen kann, ist allerdings zweifelhaft.

Bild 96: *Die Klappleiter des Rettungskorbs kann bereits vorher ausgeklappt werden.*

12.3 Einsatzgrenzen von Hubrettungsfahrzeugen

Will man Einsatzgrenzen von Hubrettungsfahrzeugen beurteilen, so sollte man sich nicht nur auf das Erreichen von maximalen Rettungshöhen beschränken. Durch die Normung und die Länge der Hubrettungsausleger unterscheiden sich die erreichbaren Rettungshöhen kaum. Hier ist genau zu betrachten, wie die Hersteller von Hubrettungsfahrzeugen den Begriff Rettungshöhe definieren, denn nur so ergeben sich die vermeintlichen Leistungsunterschiede. Der größtmöglichen Ausladung kommt hier eine viel größere Bedeutung zu, da in der Regel die mögliche Ausladung dafür entscheidend ist, ob ein Anleiterziel erreicht wird oder nicht. Aber auch hier ist genau zu betrachten, wie die jeweiligen Hersteller von Hubrettungsfahrzeugen den Begriff Ausladung definieren. Ein Rettungskorb, der mit viel Zusatzausrüstung (Scheinwerfer etc.) bestückt wird, bekommt ein hohes Eigengewicht. Infolgedessen können die großen Ausladungswerte eines Rettungskorbes, der nur mit dem Notwendigsten ausgestattet ist, nicht erreicht werden.

13 Drehleiter oder Hubarbeitsbühne?

An dieser Stelle sollen nun die konstruktionsbedingten Unterschiede zu herkömmlichen Drehleitern betrachtet und bewertet werden. Die Normbezeichnung Hubarbeitsbühne (HAB) wird diesen Fahrzeugen eigentlich nicht gerecht, denn mittlerweile haben die Hersteller von Hubarbeitsbühnen ihre Fahrzeuge dem technischen Stand von Drehleitern angepasst. Hubarbeitsbühnen haben gegenüber Drehleitern Vor- und Nachteile. Diese Vor- und Nachteile müssen vor einer Beschaffung, je nach Ausrückebereich der jeweiligen Feuerwehr, abgewogen werden. Eine Hubarbeitsbühne hat in der Regel immer ein höheres Eigengewicht (> 16 t). Sollten sich im Ausrückebereich genormte Feuerwehraufstellflächen befinden, könnte dies zu Problemen führen, da diese nur für eine Gesamtmasse von 16 t ausgelegt sind. Eine Hubarbeitsbühne benötigt gegenüber einer Drehleiter eine größere Aufstellfläche, da die Abstützbreite größer ist. Eine Einschränkung der Abstützbreite führt auch zur Verkleinerung des Benutzungsfeldes. Bei einer Hubarbeitsbühne ergeben sich längere Rüstzeiten, da sich die Kinematik anders darstellt und der Geländeausgleich über die Abstützungen erfolgt. Das Fahrgestell muss im Gegensatz zur Drehleiter erst ausnivelliert werden, bevor der Hubrettungssatz in Bewegung gesetzt werden kann. Vergleicht man die Benutzungsfelder, so wird der Unterschied zur Drehleiter am deutlichsten. Hubarbeitsbühnen erreichen nicht die maximalen Ausladungswerte einer Drehleiter und verfügen